U0323284

图书在版编目(CIP)数据

埃拉蒂奥·迪埃斯特：结构艺术的创造力 /(美)斯坦福·安德森(Stanford Anderson)编；杨鹏编译. – 修订本
上海：同济大学出版社, 2019.1
书名原文：Eladio Diest : Innovation in Structural Art
ISBN 978-7-5608-8040-2

Ⅰ.①埃… Ⅱ.①斯… ②杨… Ⅲ.①建筑艺术 – 艺术评论 – 乌拉圭
Ⅳ.①TU-867.82
中国版本图书馆CIP数据核字(2018)第251562号

埃拉蒂奥·迪埃斯特：结构艺术的创造力

[美]斯坦福·安德森　编　杨鹏　编译
封面摄影：浅田祥宏
责任编辑：陈立群(clq8384@126.com)
装帧设计：陈益平
图文制作：乔　荣
责任校对：徐春莲

出版发行	同济大学出版社　www.tongjipress.com.cn
	(地址：上海四平路1239号　邮编：200092　电话：021-65985622)
经　　销	全国各地新华书店
印　　刷	上海锦良印刷厂
成品规格	188mm×250mm　208P
字　　数	280 000
版　　次	2019年1月第1版　2019年1月第1次印刷
书　　号	ISBN 978-7-5608-8040-2
定　　价	98.00元

Eladio Diest: Innovation in Structural Art

埃拉蒂奥·迪埃斯特:结构艺术的创造力

[美]斯坦福·安德森 编　杨　鹏 编译

同济大学出版社

目 录

致 谢

斯坦福·安德森

三件互不关联却几乎同时发生的事，促成了本书的诞生。如今，我得以借助它的出版，向几位同行表达深切的谢意。

著名艺术家巴图兹(Batuz，1933～－)创办的"想象的协会(Societe Imaginaire)"是一个刻意保持组织松散的艺术家联盟，而我也是其成员之一。1998年秋天，巴图兹委托我接待来麻省理工学院访问的蒙得维的亚市市长一行人。这位乌拉圭首都的市长，马里亚诺·桑切斯(Mariano Arana Sanchez)也是建筑师和建筑方面的作家。基于共同的志趣，我们相见甚欢。然而，考虑到波士顿和蒙得维的亚之间遥远的距离，我们的会面很难有进一步的后续发展。当时，巴图兹在筹划协会的某些成员于1998年11月在乌拉圭聚会，并且邀请我参加。而我正忙于其他诸事，并未积极地回应此事。

稍后不久，我以前的同事和老朋友，建筑师爱德华·艾伦(Edward Allen)在麻省理工学院举办了一次讲座，主题是"砖在建筑上的应用"。在演讲的结尾，他放映了几张乌拉圭工程师埃拉蒂奥·迪埃斯特作品的幻灯片。我立刻被照片中富于创造力的美所震撼，并且惊诧于自己对这些配筋砖结构的作品一无所知。即便是博学的爱德华·艾伦，也只能为我们展示几张照片，他本人从未实地参观过这些建筑。我当即决定接受乌拉圭之行的邀请。

于是，我极其冒昧地为自己参加协会的乌拉圭之行设置了一项条件：必须为我留出一定的时间来参观迪埃斯特的作品。协会接受了我的条件。恰好桑切斯市长本人就曾是迪埃斯特的学生，他热情地安排了三位青年建筑师带领我参观。

就在我们参观迪埃斯特的一系列重要作品的同时，另一项安排正在蒙得维的亚展开。乌拉圭运输及公共建设部部长卢西奥·卡塞雷斯(Lucio Caceres Behrens)，也是"想象的协会"的成员，并且也曾是迪埃斯特的学生。他安排了我与这位既是建筑师也是工程师的艺术家会面。后来，我又多次到其家中拜访迪埃斯特。他的夫人热情地接待了我，他们全家人都积极地帮助我深入了解迪埃斯特的职业生涯。

迪埃斯特的人格魅力与他的作品，令我如此震撼。我感到，自己对于这位结构艺术家的兴趣应当转化为切实行动来传播他的作品。卡塞雷斯和我很快就此达成一致，我们开始筹备一次学术会议，会址分别在蒙得维的亚和麻省理工学院。显然，会议内容将针对迪埃斯特的作品。但是我认为他的作品的价值，在于为利用传统材料的创新树立了范本。因此，在会议筹备阶段确定的参会者当中，除了那些最了解迪埃斯特的作品的人，还有一些木材、石材等传统材料的研究者以及进行这类探索性实践的设计师。

在至关重要的会议筹备阶段，巴图兹又一次提供了支持。1998年，"想象的协会"成员们在意大利的科莫湖(Lake Como)畔聚会。德国的阿登纳基金会(Konrad-Adenauer-Stiftung)为此资助了相关设施。借此机会，几位建筑师和工程师一起商议了筹备"迪埃斯特学术会议"的事项。在这次聚会上，两位重要人物加入了会议的筹备：迪埃斯特的儿子安东尼奥·迪埃斯特(Antonio Dieste，他也是一位结构工程师)、冈萨罗·拉兰贝贝里(Gonzalo Larranmbebere，他是"迪埃斯特与蒙坦内兹事务所"多年以来的技术中坚人物)。在此之后，我们前往巴图兹基金会总部所在地——位于德累斯顿郊外的艾尔柴拉修道院(Altzella Abbey)，进一步商讨举办会议的细节。在那里，会议筹备组又增加了来自斯图加特的著名工程师约格·施莱希(Jorg Schlaich)、来自慕尼黑的托马斯·赫尔佐格教授(Thomas Herzog)和来自伦敦"迈克尔·霍普金斯事务所"的大卫·塞尔比(David Selby)。

最终，我们将会议日期定在2000年9月末至10月初，为期9天。最初2天将在蒙得维的亚参观迪埃斯特的作品，然后是为期2天的研讨会。而后乘连夜航班飞往波士顿，休息一天之后，接下来2天是在麻省理工学院的研讨会。

研讨会成功地实现了原定的目标。除了研讨迪埃斯特的成就，还为一些来自不同领域、本不相识的学者、设计师提供了构建友谊的机会。蒙得维的亚的参会者包括：爱德华·艾伦、卢西奥·卡塞雷斯、卡洛斯·克莱门特(Carlos Clemente，他是迪埃斯特晚年在西班牙的项目的合作者)、伦敦的建筑师爱德华·库利南(Edward Cullinan)、安东尼奥·迪埃斯特、冈萨罗·拉兰贝贝里、瑞士洛桑的木结构工程师尤利斯·奈特若(Julius Natterer)、巴黎的建筑师伊夫·佩吉斯(Yves Pages)和罗兰·施威策(Roland Schweitzer)、爱丁堡大学的结构工程师雷莫·派卓奇(Remo Pedreschi)、新德里的建筑师拉吉·瑞瓦尔(Raj Rewal)、伦敦阿鲁普事务所的彼得·罗斯(Peter Ross)、汉诺威大学的结构工程师马丁·斯派思(Martin Speth)、加拿大曼尼托巴大学的建筑师马克·维斯特(Mark West)以及我自己。

除他们之外，在麻省理工学院的研讨会还增加了几位发言者：苏黎世联邦理工学院的马丁·施奈兹(Martin Tschanz)、阿鲁普事务所的安东尼·史密斯(Antony Smith)、纽约的建筑师拉斐尔·维诺里(Rafael Vinoly)以及波士顿的建筑师和建筑技术专家罗伯森·沃德(Robertson Ward)。

乌拉圭运输及公共建设部与巴图兹基金会，资助了蒙得维的亚阶段的会议。由运输及公共建设部负责安排会务，乌拉圭共和国大学建筑系与"迪埃斯特与蒙坦内兹事务所"予以协助。共和国大学的教师与学生们负责布置展览，玛利亚·约古艾罗(Maria Yuguero)撰写了展览所需的文字。运输及公共建设部的奈斯特·卡斯特罗(Nestor Castro)、"迪埃斯特与蒙坦内兹事务所"的佛德里格·桑库内蒂(Federico Sanguinetti)，为参会者提供了热情周到的帮助。

2000年7月29日，迪埃斯特因病去世。2个月之后举办的学术会议，成为向他致敬的聚会。为了纪念迪埃斯特，他的家人和参加学术会议的客人们一道，在他最负盛名的作品基督圣工教堂举行了音乐晚会。

麻省理工学院阶段的"迪埃斯特学术会议"，是多方资助的成果。其中最关键的资助者包括格雷汉姆基金会(Graham Foundation)、麻省理工学院建筑系的亚瑟·申恩纪念讲座基金(Arthur H. Schein Memorial Lecture Fund)、麻省理工学院建筑与规划学院的彼得罗·贝鲁奇讲座基金(Pietro Belluschi Lecture Fund)、伦敦的阿鲁普事务所、纽约的拉斐尔·维诺里建筑师事务所、惠好公司基金会(Weyerhaeuser Company Foundation)、冷泉花岗岩公司(Cold Spring Granite Company)、国际砌体学会(International Masonry Institute)、麻省理工学院的阿卡汗项目(Aga Khan Program)、波士顿的安·贝海事务所(Ann Beha Associates)与艾伦茨威格事务所(Ellenzweig Associates)、布鲁克伍德集团的乔治·希瑞夫妇(George and Laura Heery of Brookwood Group)。许多参会者不仅贡献了他们宝贵的时间，并且自己承担差旅费用。

我的助手安妮·塞姆诺维奇(Anne Simunovic)以饱满的热情，完美地安排了麻省理工学院阶段的会议。协助的团队成员包括建筑系的瑞贝卡·张伯伦(Rebecca Chamberlain)、杰克·瓦勒里(Jack Valleli)、安妮·罗兹(Anne Rhodes)以及麻省理工学院学生团体的阿瑞尔·佛斯托(Ariel Fausto)、妮可·米歇尔(Nicole Michel)与卢斯·帕尔蒙(Ruth Palmon)。

将会议的成果浓缩为这本书的过程，离不开许多朋友的帮助。我要着重感谢那些不断地给予本书宝贵建议的几位：爱德华·艾伦、冈萨罗·拉兰贝贝里、雷莫·派卓奇以及约翰·奥森多夫(John Oschendorf)。玛扎拉吉斯(Valeria Koukoutsi Mazarakis)在图片与材料组织方面投入了大量的帮助。

本书的绝大多数彩色照片，由摄影师浅田祥宏于2002年10月间拍摄，桥本纯随行协助。日本建筑杂志《A+U》资助了本次拍摄，并且慷慨地允许本书使用这些照片。"迪埃斯特与蒙坦内兹事务所"组织并且引导了拍摄行程。本书中的另外一些精彩照片，由西班牙摄影师文森特·赫尔南德兹(Vincente del Amo Hernandez)拍摄。

我再次感谢麻省理工学院建筑系的同事：安妮·塞姆诺维奇(Anne Simunovic)、杰克·瓦勒里(Jack Valleli)、安妮·罗兹(Anne Rhodes)、多纳·比约卓(Doona Beaudry)、约娜·玛瑞斯(Joanna Mareth)、提亚娜·沃祖塞维奇(Tijana Vujosevic)。我还要感谢普林斯顿建筑出版社(Princeton Architectural Press)细致敬业的编辑南希·埃克隆德·雷特(Nancy Eklund Later)。

虽然这份致谢的名单已经很长，但是仍然遗漏了许多名字。我希望以这本耗时数年的著作，向为之做出贡献的朋友们表达最诚挚的谢意，并且希望那些未被提及名字的朋友们予以谅解。最后，我把凝聚了自己辛劳的这份成果献给我的妻子，南希·罗耶尔(Nancy Royal)。

磨坊主的惊奇

你建起一座磨坊
以为它只会
碾磨麦子

你让河水从中流过
以为它只会
推动磨盘

然而河水诉说着
没有人请它
说出的话语

带着诗意的思索
与河水应答的
是温顺的磨坊

建起一座磨坊
让河水从中流过
你就画出了一个记号

你痴痴地
盯着磨出的麦子
想知道它蕴含的深意

——拉斐尔·迪埃斯特(Rafael Dieste, 1899~1981), 西班牙诗人, 埃拉蒂奥·迪埃斯特的叔叔。

惊 奇

与所有艺术一样，建筑帮助我们思考。
尽管生活消磨了我们创造惊奇的能力，
惊奇仍是描绘这个世界真实图景的起点。

——埃拉蒂奥·迪埃斯特

前 言

斯坦福·安德森

　　如果埃拉蒂奥·迪埃斯特依附于成规定式，他就不可能实现那些闪耀着创造力光辉的作品。事实上，他选择了最基本的规律作为自己的起点。在这位杰出的工程师手中，追随最基本的规律，并没有妨碍他的创造力，反而帮助他探索满足实用需求的合理形式。违背理性的形式也有可能付诸实施。然而，忠实于物理规律的人，将不会陷入违背理性的困境。忠实于规律的头脑所创造的杰作，揭示了忠实于规律的设计和建造过程——这就是迪埃斯特留下的遗产。从第一次接触他的作品的时刻，我就决定要深入地研究它们，并且也为其他人提供这样的机会。

　　本书力求达到内容广博，然而并不是说它收尽了迪埃斯特数量众多的作品，也没有做到针对他的某些作品解剖入微。它也不是一本细节详尽的传记，理想的传记作者应当是这位大师身边非常亲密的人。本书的目标在于，勾勒出他的人格、思想、他的生活与作品筑成的有机整体。

　　迪埃斯特是一名工程师。西班牙语的"工程师"是"ingeniero"，它和另一个词"ingenious"（富于创造力）有密切的亲缘关系。在刚刚过去的这个世纪里，职业化的工程师们使这个词丧失了"ingenious"的意味。工程师中的一些凤毛麟角者，促使我们重新燃起创造的热情。对于超越纯粹标新立异的创造而言，虽然创造的过程复杂而艰辛，然而一旦得以实现，它必将是异常简洁。这里面似乎蕴含着某种必然性。

　　在迪埃斯特的时代，很少有人了解他选择的技术——配筋的砖结构，把它用于实践者更是少而又少。他利用这一结构技术，大胆地创造出与之匹配的结构形式。作为一个建造者，创新是他在结构科学领域的洞察力的必然结果。迪埃斯特勤奋而多产。虽然他的绝大多数作品是朴实无华的仓库或市场，但是他把这些平凡的建筑提升到了一个很高的境界。惊人的空间跨度是它们的典型特征，但并非其魅力的全部。除了整体的比例、材料的经济性、优雅的表现力和丰富的细部，他的作品最重要的特征是利用自然光塑造建筑。尤其当光线射入室内时，空间获得了神奇的力量。所有这些，正是一个高超的建筑师的作品应有的品质。虽然只有寥寥几次机会承担建筑师的角色，但是无可否认，迪埃斯特就是一位建筑师。

　　迪埃斯特的生平与作品的重要意义，并不限于这些。他生于乌拉圭，长于乌拉圭。他的绝大多数作品，都集中在乌拉圭这样一个教育、文化程度颇高但资源匮乏的小国。他对于建筑材料的选择、他的作品中体现的经济性(不局限于金钱层面上的经济)，都系统地呼应了他对自己国家状况的了解。在全球化和超级大国角力的背景下，迪埃斯特的选择可供其他许多资源匮乏的国家借鉴。迪埃斯特充分认识到，资源与财富并不一定能够创造和谐健康的环境与社会。一味地挑战和突破极限，意味着否定材料各自的优势，却并未推动人们为了实现美好的社会状态而思考与实践。

在实践之余，迪埃斯特也撰写了一些有关技术革新的文章。然而这些文字的核心，却是超越单纯技术层面的广泛思考。他是一位具有深刻文化底蕴的智者。他理解，艺术与建筑的融合曾经创造了历史上最伟大的建筑和城市，也必将是美好未来的组成部分。虽然他所写的文字极少涉及宗教，但迪埃斯特是一位虔诚的教徒，他相信，教堂建筑具有使人性升华的力量。他关注社会正义、致力于为资源匮乏地区的人们提供更多机会，这些都是他的建筑作品有机的一部分。

本书力求从多个角度描绘一位非凡的人。书中所选的文章，包括建筑历史学家、工程师和建筑师从不同角度评价迪埃斯特的作品。还有一篇饱含深情的纪念文章，作者卢西奥·卡塞雷斯曾经是迪埃斯特的学生，也是他长期的好友。本书的意义，仅仅是向一位在某种已经不存在的特定条件下从事创造的人致敬吗？书中所展示的作品，落成最晚者距今不到10年时间。如今，迪埃斯特去世后，他的事务所依然在运转。然而，正如他的儿子安东尼奥撰文指出的那样，对于不同建造方式的经济性的衡量标准已经发生改变，配筋砌体结构在发达国家和发展中国家的应用都前景黯淡。

今天，建筑领域日益强调可持续发展，配筋砌体结构又获得了新的动力。砖这种材料，在世界上绝大多数地区都能出产，并且具备极高的利用率和出色的热工性能。人工密集这一缺陷，可以通过技术革新来加以改善。况且在世界许多地区，这一特征不失为经济和社会方面的优势。推广迪埃斯特的成就，可以帮助我们发挥想象力，把配筋砌体结构用于某些适宜的情况，甚至用于那些貌似并不适宜的情况。

迪埃斯特的成就，启发我们在研究他的作品和技术之外，进一步深刻地思考。他以工程师、设计师和建造者多重身份的毕生努力，将一种如此古老和简单的材料，提升到了前所未有的技术与美学高度。迪埃斯特的研讨会，试图把探索的目光投向其他的传统材料，如石材和木材革新应用的可能性。玻璃、织物等"古老"的材料，近些年来已经发生了重大变化。从更广泛的意义上，他的作品向我们示范了抽象思维、设计与制造这三者如何结合，并且相互助推。

从这种思维与实践的结合向更深一层探究，是迪埃斯特在文化方面，更准确地说是在哲学方面的思考。他思考的对象不仅是自己的作品，还有工程师、建筑师与艺术家群体的职责。如果你还不曾深入地探寻某种材料或者技术的潜力，那么你可以从迪埃斯特勾画的机会和责任中学到许多，然后再从起点开始，实现你自己的创造。这就是为什么我们应当研究迪埃斯特。

迪埃斯特全名"埃拉蒂奥·迪埃斯特·圣马丁"，1917年12月10日出生于乌拉圭北部临近巴西国界的城市阿蒂加斯(Artigas)。他父亲的名字也叫埃拉蒂奥，是历史教员，也是无神论者。1936年，埃拉蒂奥·迪埃斯特进入首都蒙得维的亚的共和国大学，在工程学院就读并于1943年毕业。伴随着20世纪上半叶的财富积累，蒙得维的亚的城市建设得以迅速发展。时至今日，城市的架构以及大量装饰艺术风格(Art Deco)的建筑仍是那一段繁荣的见证。

1944年，已经皈依天主教的埃拉蒂奥·迪埃斯特和伊丽莎白·弗雷德海姆(Elizabeth Friedheim)结婚。伊丽莎白来自德裔的犹太家庭，她也同样皈依了天主教。他们共有12个孩子，其中一个童年夭折。

1944年至1947年，迪埃斯特作为一名工程师，任职于乌拉圭公共事务部的高速公路管理部门，参与桥梁建设项目。1945年至1948年，他被任命为公共事务部下属建筑部门的技术总监。在这期间，他和挪威的施工承包商"克里斯蒂娜与尼尔森"(Christiane & Nielsen)合作。1949年至1958年，他在维埃蒙德桩结构公司(Viermond Piling Company)担任首席工程师。自1945年起，他还在共和国大学工程系兼职任教。

1946年，迪埃斯特与西班牙加泰罗尼亚的建筑师安东尼·伯奈特((Antoni Bonet, 1913~1989)合作的毕林杰里住宅(Berlingieri House)建成，这是他的第一个建成作品。1956年，迪埃斯特与他的大学校友尤金尼奥·蒙坦内兹(Eugenio Montanez, 1916~2001)合伙创办了"迪埃斯特与蒙坦内兹事务所"。在他们数十年的合作中，有数量众多的作品建成。他们的事务所成功的一个重要原因，是既承接设计也负责施工。两者相辅相成，促进事务所独创的设计概念与高效的建造施工。不拘常规的施工技术所体现的竞争力，使迪埃斯特和他的同事们能够实现大量富于创造性的作品。

把设计概念变成一块块砌好的砖，有赖于许多人的贡献。迪埃斯特的合伙人蒙坦内兹，是其中最重要的一位。他与迪埃斯特的角色互补，着重于项目的组织和事务所的发展。从20世纪60年代起，事务所在巴西开展设计咨询，70年代初期，蒙坦内兹来到巴西，负责在当地承接的大型项目的设计与施工，直到70年代末回到蒙得维的亚。工程师劳尔·罗麦罗(Raul Romeo)、冈萨罗·拉兰贝贝里、阿瑞尔·威玛加(Ariel Valmaggia)、何塞·索瑞拉(Jose Zorrilla)、技术助手沃尔特·韦尔切(Walter Vilche)，以及建筑师阿尔贝托·卡斯特罗(Alberto Castro)，都和事务所保持着长期的合作关系。迪埃斯特的儿子埃德瓦多参与事务所的管理,他的另两个儿子结构工程师安东尼奥和建筑师埃斯特班,都参与了事务所的项目。

这家事务所完成的作品展示出精湛的施工工艺,得益于一批人员稳定的熟练工匠。其中人们最常提及的是维托里奥·威盖利托(Vittorio Vergalito)。他与迪埃斯特的事务所合作长达38年之久。仅次于此的是合作了36年的维托·帕切科(Edio Vito Pacheco)、合作了30年的阿尔贝托·赫尔南德兹(Alberto Hernandez)。迪埃斯特的儿子爱德瓦多,曾经为这些工匠写下了令人感动的文字。例如,他这样描述维托里奥:"对于我父亲而言,维托里奥是他心目中真理的例证。维托里奥的技艺最好地体现了承载他所有作品的哲学。"

阿尔贝托·卡斯特罗,是曾与迪埃斯特长期合作的建筑师,他们合作的众多作品中包括杜拉斯诺的圣彼得教堂。在一封私人信件中,卡斯特罗谈道,工程师与建筑师在迪埃斯特的事务所里实现了真正的合作,同时也"自然而然地接受迪埃斯特这位智者的统领"。

迪埃斯特生前是阿根廷科学院的通讯院士、乌拉圭工程院院士,也是蒙得维的亚与布宜诺斯艾利斯多所建筑学院的荣誉教授。1990年与1991年,他分别获得美洲国家组织颁发的"加布利拉奖"(Gabriela Mistral Award)和"美洲奖"(Americas Award)。1993年,他被蒙得维的亚共和国大学授予荣誉教授职位。

自1993年起,迪埃斯特与建筑师克莱门特(Carlos Clemente)和德拉霍兹(Juan De Dios de la Hoz)合作,在距马德里附近阿尔卡拉大学(University of Alcala)的"学生街道"设计了三座教堂。每一座都以他在乌拉圭建成的教堂为蓝本。

1995年,一场疾病使迪埃斯特健康状况日益恶化,从此只能在家中工作。埃拉蒂奥·迪埃斯特于2000年7月29日在蒙得维的亚去世。如今,他贤淑好客的妻子仍然居住在拉普拉塔河畔他们的家中。"迪埃斯特与蒙坦内兹事务所"仍然继续其建筑业务,并且为本书提供了巨大的帮助。

第一本研究迪埃斯特的学术专著出版于1963年,作者是阿根廷建筑师与史学家胡安·邦塔(Juan Pablo Bonta)。书中包括了基督圣工教堂和迪埃斯特的自宅。事实上,那本书较多的是关注这些作品,而不是更具特征的仓库等工业建筑。这意味着迪埃斯特的影响力,已经在建筑师的世界里显现。从邦塔书中的出版物索引可以看出,当时迪埃斯特作为建筑师的声誉,在国外比在乌拉圭国内更盛。此后,出现了大量由迪埃斯特撰写或者关于他的学术文字(以杂志为主),其中绝大多数来自南美洲和欧洲。

另两本研究迪埃斯特的书,是安东尼奥·希门内兹(Antonio Jimenez)编辑的专著,1996年在西班牙出版;2000年,由雷莫·派卓奇编辑的专著在英国出版。尽管有这些学术专著的出现,迪埃斯特在北美洲依然鲜为人知,而这正是2000年在麻省理工学院举办的研讨会以及本书想要填补的空白。

那么，本书将承担怎样的角色呢？首先，它着眼于迪埃斯特作品的建筑意义，尤其关注他事业早期为自己设计的住宅和两座著名的教堂。从建筑的角度，分析他的诸多作品。书中我本人撰写的文章，正是基于这一主题。雷莫·派卓奇与冈萨罗·拉兰贝贝里合作的文章、约翰·奥森多夫的文章都涉及了这方面的论述。

本书按照建成的时间顺序，介绍迪埃斯特的作品，展现其发展的过程。本书还从以下几个方面，把迪埃斯特置于结构技术演变的历史背景下加以分析。

爱德华·艾伦的文章，简要地介绍了从古至今砌体拱顶的主要类型，尤其细致地介绍了独特的加泰罗尼亚式拱顶，以及瓜斯塔维诺在美国的作品。这些历史知识，有利于读者认识迪埃斯特对于拱顶结构的贡献。

约翰·奥森多夫的文章主题是"结构的艺术"。他列举了特罗哈、弗雷西内、马亚尔和伊斯勒等工程师，他们的技术革新以及与之紧密结合的美学力量，改变了视觉领域的文化。他从一种新鲜的视角，把迪埃斯特与这四位结构艺术的大师进行比较。

雷莫·派卓奇与冈萨罗·拉兰贝贝里合作的文章，着重探讨迪埃斯特在结构领域的创新。

正如前文提到过的，迪埃斯特是一位具有社会责任感的深刻的思想者。书中选取了三篇迪埃斯特撰写的文章。还有他的儿子安东尼奥的文章，他提出只有配筋砌体结构继续在革新中发展，他父亲的作品才能保持生命力。

本书还有一个在前文已经有所流露的目的。今天，我们很容易拜倒在数字化技术的脚下。它不仅可以完成任何形式的视觉表现，甚至可以真实地建造任何形式——无论这种形式基于何种理由还是完全没有理由。在这样的时代，我希望读者们训练自己的辨别力，分辨纯粹的新奇怪异与内涵丰富、承载社会责任的创新——后者正是迪埃斯特探索和实现了的目标。

图1 沿街立面，可见临街露台下面的入口及车库

DIESTE HOUSE 迪埃斯特自宅

蒙得维的亚 (Montevideo)

1961~1963年

迪埃斯特为自己和家人设计的住宅，几乎占满了整个狭小的地块。三处露台和庭院，分布在住宅里不同的公共和私密空间，营造出室内外空间交融的不同感受。

除了走廊、厨房和首层的屋顶使用混凝土楼板之外，整个建筑的屋顶全都采用砖砌的自稳定筒壳。拱形屋顶不仅使窄小的卧室和书房显得舒适敞亮，也使各个房间在水平方向贯通开敞。屋顶沿着房间的纵向延伸，形成庭院上空的拱形廊架。

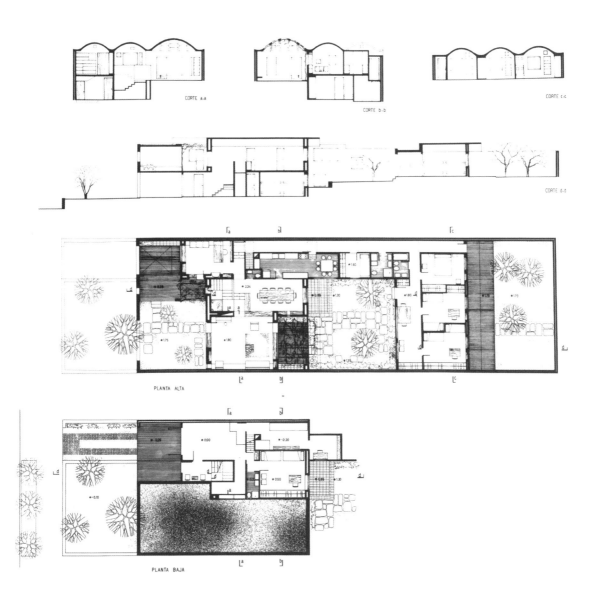

图2 (上)横向剖面(a-a)，剖切位置为起居室、入口楼梯与书房

　　　横向剖面(b-b)，剖切位置为中心庭院、餐厅与厨房

　　　横向剖面(c-c)，剖切位置为卧室

　　(中)纵向剖面(d-d)，剖切位置为入口、餐厅、庭院、孩子卧室之一与北侧庭院

　　(下)首层平面及二层平面

DIESET'S HOME
迪埃斯特的家
安东尼奥·迪埃斯特
Autonio Dieste

在蒙得维的亚的一处高坡上，距离"与海一样宽"的拉普拉塔河岸边大约30米，就是迪埃斯特的家。这座房子从邻居家的屋顶之上，眺望着宽阔的水面。我父亲1952年买下这块狭长的用地。由于经济原因，直到1961年这座住宅才开始施工，于1963年建成。

关于他的住宅如何与这块狭长的坡地结合，我父亲有一个清晰的思路。他的设计宗旨，是让尽可能多的房间朝向北面和东面，围合成两个庭院。北向的窗外都有爬满了植物的廊架，夏天遮挡烈日而冬天透入阳光。[1]

住宅入口处的标高比街道稍高。进门之后顺着一部楼梯向上，来到夹在中心庭院与临街露台之间的就餐区和起居室。就餐区和起居室既相互独立，又是连通的开敞空间，都有砖砌的坐凳嵌在壁龛里。

图3 入口前的外景，可以看到二层的临街露台

书房朝向临街的露台。从书房里，透过窗外临街露台围墙上的一个洞口，可以看到拉普拉塔河汇入大西洋。楼梯间墙上的窗子和露台围墙上的另一个洞口，也形成两道景框。我父亲坐在餐桌端头的主位，就可以透过它们望见远处的船只。今天，这幅画面已被外面的一株松树遮住了。

从街面上看，这座建筑显得非常封闭，然而内部却别有洞天。除了临街露台，街上的行人什么也看不到。而它的主人却可以坐在露台上行人视线之外的角落，安静地读书或者享受秋日的阳光。正因

① 乌拉圭地处南半球，所以北面是阳面。

图4 从楼梯向二层看

图5 从楼梯的最高一级处看中心庭院

21

图6 入口上方的临街露台，右侧是起居室通向露台的门

图7 露台挡墙上的窗洞口

图8 就餐区的墙面和窗户与河岸平行，左侧是起居室

如此，过往的行人们或许对这座神秘的建筑怀有一丝疑惑不安。

这座住宅容纳了一个大家庭：迪埃斯特夫妇、11个孩子和1个女佣。二层有三间朝向中心庭院的卧室：它们是迪埃斯特夫妇的卧室、3个小儿子的卧室和4个女儿的卧室。卧室与中心庭院之间的门廊，是做缝纫或者孩子们做功课的地方。大一些的几个儿子的卧室在首层。卧室和旁边书房的窗子朝向一个所谓的"英国式庭院"。

由于健康原因，晚年的迪埃斯特就在家里工作，那时他的所有孩子都已经离家自立。起初，他把一楼原先属于儿子们的卧室改作工作室。后来当他难以上下楼梯后，就改在二层的门廊里工作。20世纪90年代末，他就是在那里设计了几座位于西班牙的建筑。

这座住宅的结构形式，是迪埃斯特个性化的设计语汇——配筋的砖砌筒壳和承重墙。与他的其余作品不同的是，这里采用筒壳是基于形式的效果而不是结构合理性，因为住宅房间的尺寸都在常用的混凝土楼板跨度范围之内。

室内的墙都异常厚，这既是形式也是功能的考虑。整栋住宅里，所有的书架和百叶窗的窗帘盒都嵌在墙内。在起居室里，凹入的墙体也充当坐凳。冬日的午后，你可以坐在北面窗下惬意地享受阳

图9 从入口
楼梯处看到
的就餐区和
起居室

图10 在街道上看植被掩映的住宅

光。卧室的壁灯也都嵌在壁龛里。随着季节变化和一天中晨昏交替，阳光投下的亮斑在地板和墙面上流转。书房的墙上有一个金属的壁炉，跃动的火焰散发着古朴的情趣。

就餐区和起居室之间的墙上，嵌有一套立体声音响。木门后面有一台收音机和一部录音机，喇叭被藤条遮住。针对我们的教育，我父亲有非常明确的理念。家里有收音机但是没有电视机。并且他只允许我们听公共广播电台，因为它只播放古典音乐和新闻。如果回到家发现我们正在收听其他电台的节目，他会一字一顿地说"公共广播电台"。于是，我们不得不回到普罗科菲耶夫的《彼得与狼》或者巴赫的《勃兰登堡协奏曲》。

20世纪50年代中期，乌拉圭有了电视节目。直到1982年之前的许多年里，迪埃斯特的家是周围街坊唯一没有电视机的家。我父亲认为电视节目是文化糟粕，而电视机本身也毫无美感可言。漫画书同样属于违禁品(但是我们会想方设法搞到一些藏起来)。我们有许多书，比如安徒生、格林兄弟和基罗加[①]的著作，以

① 奥拉西奥·基罗加(Horacio Quiroga，1878~1937)，用西班牙语写作的乌拉圭作家，是拉丁美洲的著名作家和诗人。

图11 从起居室看庭院，左侧是地坪略高的就餐区

及马克·吐温的《汤姆·索亚历险记》、史蒂文森的《金银岛》、麦尔维尔的《白鲸》，还有狄更斯、吉卜林和大仲马的著作。这些书通常是我们的生日礼物或者1月6日的礼物(依照西班牙的传统，孩子们在这一天像降生不久的基督那样接受3位贤者的礼物)。我们日渐长大，就从家里巨大的书架上取书来读，那里简直无所不有。我们可以提出要求，买任何一本家里没有的书。与买一双新鞋不同，买书的请求从来不会被拒绝。在买书方面，钱永远不是问题。

　　我父亲始终拒绝在家里摆放装饰物。许多年来，他允许的装饰仅限于以下内容：托雷斯·加西亚[①]的一幅画和一件小雕塑、两件爱德瓦多·叶佩斯[②]的雕塑(一件是十字架上的耶稣，另一件是圣母像)、一个仿埃及风格的雕塑猫、两件迪肯克罗[③]的玻璃艺术品、我哥哥爱德瓦多的两件雕塑(一条木雕的鳕鱼、另一件是我父亲自己制作的一个机械小玩意儿，被我哥哥从垃圾堆捡回来，立在木座子上制成的)、一件圣弗朗西斯[④]的木雕像(不知雕刻家是谁)和一艘帆船的模型。他对于最后这两件装饰仅仅勉强接受，因此它们被摆在从他通常坐的位置看不到的地方。

图12 卧室和中心庭院之间的门廊

　　拒绝装饰，并非我父亲一时的突发奇想。在他设计的这座建筑里，无论曲面还是直面的构件都有比例精巧的体量与表面，诠释着光与空间的交融互动。他坚信，装饰物会阻碍我们理解事物的本质。

　　每一件家具都有精确和固定的位置。例如，卧室里每一个床头处，都有嵌在墙壁内的小书架和装在白色有机玻璃板后的阅读灯。这种固定的家具配置也造成了一个问题。当我最小的妹妹出生之后，却因形式的限制而迟迟无法添置一张必要的床。直到我的一个姐姐出嫁离开家，这个困扰着我们的难题方才妥善解决。

　　我父亲自己设计了家里几乎所有的家具。早餐桌是一个体现因地制宜的极端例子。固定在地板上的一根立柱支撑着餐桌台面，从立柱向餐桌四边挑出8个凳子。

---

① 托雷斯·加西亚(Joaquin Torres Garcia, 1874~1949)，乌拉圭画家和雕塑家。
② 爱德瓦多·叶佩斯(Eduardo Yepes, 1909~1978)，西班牙雕塑家。
③ 迪肯克罗(Agueda Dicancro, 1935~)，乌拉圭雕塑家。
④ 圣弗朗西斯(St.Francis, 1181~1226)，天主教的圣徒之一。

图13 从起居室看
中心庭院
室外砖砌的透空廊
架和攀附的植物，
使直射的阳光变得
柔和

图14 迪埃斯
特的书房
窗外是入口上
方硬质铺地的
临街露台

图15 就餐区。桌子由迪埃斯特设计

图16 起居室和就餐区
迪埃斯特坐在室外的窗下

图17 孩子们的卧室之一

图18 厨房里固定在地板上的早餐桌

　　我父亲去世后的某一天，我在葡萄牙的托马尔(Tomar)参观基督会院①。在这座始建于12世纪的修道院里，有一扇16世纪留下的窗子。它以精巧华丽的装饰而著称，据说是曼努埃尔风格②装饰的巅峰之作。与这扇窗子形成对比的，是每一位修士独居的小屋里也都有一扇窗子。窗下有一块质朴的石板嵌在厚实的墙体里当成坐凳。室内白色的四壁毫无装饰。这些斗室的朴素简陋，源于一种宗教理念——装饰乃是魔鬼的伎俩，借以驱使我们远离上帝。

　　我可以非常自信地说，如果我父亲来到这里，他不太会关注那扇著名的窗子，而是会花更多的时间琢磨那些狭小的陋室。我能够想象，他在朴素的小屋里和几个世纪前居住于此的修士们进行精神的对话。

---

① 基督会院(Order of Christ)，中世纪天主教组织圣殿骑士团(Kights Templar)总部，现为联合国教科文组织认定的世界文化遗产。
② 曼努埃尔风格(Manueline style)，葡萄牙在15世纪晚期到16世纪中期盛行的建筑风格，得名于当时执政的葡萄牙国王曼努埃尔一世。

图19 背立面
拱顶结构从卧室墙面向外挑出

图20 从中心庭院里，透过起居室看入口上方的临街露台

轻盈起舞：埃拉蒂奥·迪埃斯特的建筑艺术

斯坦福·安德森(Stanford Anderson)

"一种轻巧、一种神奇的潇洒自如、一分简洁的质朴，好似轻盈起舞。"

迪埃斯特这样形容他的作品要达到的境界。他认为，只有具备这种状态，一座建筑才能让使用者信服地接受。

这种描述源自他的信念：他的作品应当在普通人中产生共鸣。他在《艺术、人民与技术官僚》一文中写道，阿特兰蒂达的基督圣工教堂里来了一位贫寒的老妇人，破旧的鞋子上沾满了泥渍，"她在教堂里行走的路线，她稍作停留的位置，还有她不带丝毫溢美之词的朴实话语，都让我感到她真正理解了这个建筑"。

在迪埃斯特的职业生涯中，这样的体会并非特例。他相信，感动人们的不是征服困难的粗暴力量，而是化解困难时的轻松自如，轻松得就像鹰在空中翱翔或者鲜花在阳光下绽放。当然，怀有这种目标与它在现实中实现有天壤之别，但是迪埃斯特的建筑实现了他的目标。无怪乎有人用"像一块砖那样轻"来形容他的建筑。他呈现给我们的那些配筋砖结构的建筑，姿态轻盈却充满力量。与之短暂的邂逅，就足以激发深入研究的热情。

迪埃斯特在北美地区匪夷所思地受到忽视。我虽然长期致力于现代建筑研究，也只是近期才偶然接触到他的作品。1998年，我意外地收到赴乌拉圭访问的邀请。几天之后，又非常偶然地看到几张迪埃斯特作品的照片。接连的这些偶然，最终促成了我参观他的一系列作品，并且由他以前的学生卢西奥·卡塞雷斯(一位结构工程师，时任乌拉圭公共事务部部长)引见登门拜访了迪埃斯特。

置身于他的朋友们当中，我很快就切身感受到迪埃斯特的作品果真在"轻盈起舞"——虽然当时我还不知道这样的形容。尽管受病痛之苦而日渐虚弱，迪埃斯特的目光里依然闪烁着睿智与和善。对于我或许过分热情的由衷赞誉，他谦逊地说："我也得遵从物理规律啊！"

面对迪埃斯特的建筑，有时候你不禁怀疑他是否真的遵从物理规律。然而他的确是一名工程师，

图21 "海鸥"[1]，最初的功能是加油站的罩棚，1976年移至新址成为萨尔托的城市迎宾标志

图22 马萨罗农产品仓库

他的建筑真实地立在那里，验证着物理规律。我们必须认识到，在工程的世界里，稳妥地墨守成规与勇敢地挑战成规定式，二者之间有巨大的差异。在构想出新的可能性之后，迪埃斯特追随的路标只有物理规律，而不是既定的标准做法。值得强调的是，他的创新不是源于追求新奇，而是从一系列需求和建筑的合理性出发，解决面前的实际问题。在建筑轻盈起舞的身姿背后，还有他深层的道德和精神寄托。

迪埃斯特的所有作品都是采用配筋砖的结构形式，他是这一领域当之无愧的大师。他的大多数作品，是服务日常生活、工作或者仓储的实用建筑。采用他发明的两种配筋砖壳体形式的建筑，在经济性方面颇具竞争力。良好的实用性和显著的经济性(施工周期和造价两方面)，是"迪埃斯特与蒙坦内兹事务所"的基本理念。这些理念非但没有成为负面制约，反而在平淡的日常环境里催生了典雅的建筑杰作。

被迪埃斯特称作"自支撑壳体"的筒壳[2]，是这两种结构创新之一。迪埃斯特的筒壳不借助任何常规的筒壳承重体系(如连续的纵墙、扶壁、两端的山墙或者壳体下面的拱券)，仅仅由几排柱子——甚至单个孤柱支撑。以马萨罗农产品仓库的屋顶为例：5个并列的筒壳仅由间距很大的寥寥几根柱子承重，筒壳的一端悬挑达16.2米。这一组筒壳下面，还有另外3个并列的筒壳，两端各悬挑12.9米，仅由列成一排的4根柱子承重(图22)。

只有突破了传统砌体形式的壳体，才可能在结构支撑点如此稀疏的条件下成立。迪埃斯特利用预

---

① "海鸥"在横向剖面上不能承受压力，所以不属于严格意义上的筒壳结构。但是其形式和施工脱胎于迪埃斯特的"自支撑"筒壳。
② 筒壳即筒状曲面的壳体，由一条平面曲线沿一条直线平移生成。建筑中的应用多为圆柱面的一部分，故也称"柱面壳"。

图23 蒙得维的亚港口仓库

应力钢筋,使壳体预先受压。筒壳横向剖面的形状,是受力最为合理的曲线——悬链线[①]。轻薄的筒壳,是这种特殊曲线和配筋砖砌体结合的产物。较轻的自重减小了水平推力,但是仍无法使之消除。迪埃斯特的解决之道举重若轻,他在每一组壳体的外缘布置一道水平边梁——由梁来汇集水平推力,并传递给与柱子结合的斜撑。柱子支撑着筒壳的长边,而筒壳相当于一根梁。连续的环状受拉钢筋,埋在砖砌体上面的混凝土薄层里。钢筋使壳体向内受压,抵消了壳体完工后产生的推力。布局稀疏的少量结构支撑点、轻薄的悬挑末端,赋予建筑潇洒轻盈的姿态。

迪埃斯特的第二项结构创新,是被他称为"高斯曲面"[②]的双曲拱壳。在一定的跨度条件下,筒壳的矢高相对较大,因而不适于大跨度结构。但是,大跨度低矢高的薄壳容易被压弯而失去结构稳定性。迪埃斯特化解这一矛盾的方法,不是体型更巨大的穹顶式壳体(他所排斥的粗暴方式),而是一组呈锯齿状的壳体单元,利用三维曲面的特性来加强结构刚度。

在受力最为集中的跨度中点处,壳体单元的横截面(即整个建筑的纵向剖面上),呈斜放着的"S"形(图23)。"S"形的一端较低且曲线较平缓。一组壳体单元首尾相连,相邻"S"形的高低端之间,形成沿建筑横向狭长的月牙状空隙,也是理想的自然采光面。由于建筑纵向的边梁支撑着壳体,所以迪埃斯特可以在月牙状空隙布置通长的玻璃窗。玻璃分格往往采用最简单的细钢管。一贯追求简化承重体系的迪埃斯特，把跨度中心横截面呈"S"形的壳体逐步"压扁"，矢高平滑地变小，最终过渡到跨度端部的直线形边梁。

大跨度低矢高的高斯曲面壳体，产生的强大水平推力，必须由壳体下暴露的连杆来吸收。在唐·博斯科学校的体育馆，迪埃斯特通过加高跨度两端的结构柱，巧妙地把水平连杆置于屋面以上的柱端，使一直困扰着他的这项缺陷从室内"消失"。他还利用高斯曲面的变体设计并建造了一系列水平筒仓。这些矢高很大的壳体直接落在地面上，由地面或者结构基础来吸收巨大的水平推力。

迪埃斯特被建筑历史界和评论界所忽略的原因之一，就是他以砖作为自己的表达方式。他的职业生涯适逢建筑理论和建筑历史研究风起云涌，而其中充斥着似是而非的现代主义思潮。钢、混凝土和玻璃等"现代材料"在建筑中的运用，被视为通向技术进步的必由之路。迪埃斯特在钢筋混凝土框架方兴未艾的背景下接受专业教育，他却选择了砖作为建造的语言。当创造性的砖结构从钢筋混凝土丛中脱颖而出之时，迪埃斯特雄辩地证明了，性能良好的传统材料未必会被新材料所替代。

乌拉圭的经济发展处于全球浪潮的边缘，这为迪埃斯特专注于砌体材料找到了充分的理由。但是，地方性只是他钟情于砖结构的一部分原因。他认为砖的许多性能胜过混凝土：强度重量比、热阻、抗老化性、声学性能、环保性能，以及在品质可比前提下的造价优势。迪埃斯特相信，当一种具有宜人的色彩、质感和耐久性的材料浸透了高超的手工技艺时，就会唤起普适的价值观和美感。

迪埃斯特作品的魅力，超越了砖的独特气质和优良性能。让建筑在他手中起舞的不只是上述的结构创新，还有内在的建筑本质。他设计的某些建筑是单一的大跨度空间，但是室内空间比例适宜、宽敞实用；小尺度的构件元素，乃至一块块手工制造的砖，都释放出结构本身的表现力。他设计的某些多开间建筑，每一开间清晰的结构以及空间单元的组合，产生引人入胜的空间体验。在马萨罗农产品仓库，两组令人惊叹的悬挑筒壳在不同标高重叠，形成从露天到有遮蔽的灰空间、再进入室内的精彩空间序列。

空间序列中的另一个要素是自然光。自然光从筒壳相互重叠、错开或者开洞的位置照进室内。高斯曲面壳体提供的自然采光更为独具匠心。除了提供舒适均匀的照度，光线还使壳体单元的形象随室内观察角度的改变而相应变化。从一个方向看，柔和的自然光漫射在壳体屋顶的弧面上；从相反方向看，重复出现的一条条新月形天窗外映衬着蓝天。在建筑两端，第一个壳体单元始于S形弧线较低且平缓的部分，最末一个单元则以弧线较高的部分收尾。两端山墙上不同形状的高窗，既突出两个端部单

---

① 悬链线是一种平面曲线，因与两端固定的绳子受均匀重力作用而下垂的形状相似而得名。正置或倒置的悬链线具有静荷载下最合理的受力状态，广泛用于桥梁或悬索等结构设计。

② 曲面上任一点两个方向主曲率 k_1、k_2 的乘积 K，称为高斯曲率。此概念为德国数学家高斯（1777~1855）建立。当 k_1、k_2 同号时，K 为正值，称为正高斯曲率，包括绕中轴旋转成形的圆球面壳、椭球面壳、抛物面壳以及平移成形的椭圆抛物面扁壳（即双曲扁壳）等；当 k_1、k_2 异号时，K 为负值，称为负高斯曲率；包括绕中轴旋转成形的双曲面壳、平移成形的双曲抛物面扭壳、双曲抛物面鞍形壳等。当 k_1 和 k_2 中有一个为零时，K 为零，称为零高斯曲率，包括各种横截面的柱面壳。迪埃斯特的"高斯曲面"并非上述任何一种单纯曲面，而是表面大部分为正高斯曲率、局部为负高斯曲率，接近于双曲扁壳的混合型曲面。

39

元的差别，也强调了壳体端部轻薄的程度以及山墙并非承重结构。

不难发现，许多技术上很出色的建造物，未能跻身建筑艺术的行列；另一方面，也不乏广受推崇的建筑作品，在技术和构造方面饱受诟病。还有一些技术和构造性能卓越的建筑，在建筑艺术的殿堂中占有特殊的一席之地。无疑，它们的设计者要承担技术和构造创新固有的风险。迪埃斯特是这种冒险当中的成功者。他的作品绝非随心所欲的个性挥洒，而是让结构形式成为建筑形式，成为空间的塑造者。迪埃斯特对此有更加清晰的论述：

"一座建筑唯有真诚和敏锐地忠实于自然规律，方能成其为一件深刻的艺术品。只有这种忠诚所产生的敬意，能够让建筑成为我们思想的旅途中真诚、持久和值得信赖的伙伴。"

在迪埃斯特的作品里，感动我们的正是毫无保留的率直——"真诚和敏锐地忠实于自然规律"。

有几件作品，在迪埃斯特的思想旅程中占有不可或缺的独特地位。其中最著名的是位于阿特兰蒂达的基督圣工教堂。而更值得一提的是，它完成于迪埃斯特事业的最初阶段。本书中题为《结构艺术家埃拉蒂奥·迪埃斯特》与《埃拉蒂奥·迪埃斯特作品中的技术与创新》两篇文章，将详尽地介绍这一杰作。

位于蒙得维的亚的迪埃斯特自宅，建于1961年到1963年间。它坐落在与拉普拉塔河平行的一条街道上，对面就是汇入大西洋的拉普拉塔河。这座住宅几乎占满了窄而深、坡度很陡的长条形地块。围绕几个庭院组织紧凑的空间，容纳了有11个孩子的大家庭。

从住宅前的街道登上一小段陡坡，是兼做停车位的入口平台。走进小巧的门厅，通过"L"形的楼梯来到二层的起居室。起居室是整座建筑的核心，与室外空间有多种趣味不同的联系。起居室南面是硬质铺地、局部有顶盖遮挡的露台；北面（也就是南半球的阳面）窗外有砖砌的镂空拱形廊架，朝向开敞的中心庭院。

从起居室再上三步台阶是就餐区，除了有一排低柜分隔，就餐区和起居室是联通的空间。这个空间的屋顶是自支撑的砖砌拱壳。虽然拱壳的跨度很小，但是依然显现出迪埃斯特砖结构作品的绝大多数特征。无论层高是低还是高，平屋顶都难以实现拱顶下既亲切又从容的空间。拱顶的形状给人一种温暖的感受，使尺寸有限的卧室和书房并不显得狭小局促。

有理由认为，迪埃斯特对柯布西耶著名的贾奥尔住宅（Jaoul House）有所了解。贾奥尔住宅位于巴黎郊外的讷伊（Neuilly），建于1954年到1956年间，它使用了砖墙和平板瓦砌的筒壳。但是，它与迪埃斯特的结构有显著的区别。贾奥尔住宅的筒壳屋顶没有配筋，因而拱顶必须由墙体或者混凝土梁支承，需要借助于拱顶下暴露的连杆实现稳定性。这种依然很传统的结构体系，限定了相对封闭的单元式空间。这两所住宅使用的建筑材料暗示着某种关联性，但是迪埃斯特的结构创新为建筑设计提供了更大的潜力。

除了拱顶，迪埃斯特自宅的另一个建筑特征，是精巧地组织建筑空间和用地。它充分利用地块两端的高差。建筑内的标高变化、房间与室外庭院的多种关系、自然光的运用、开敞与私密空间的分隔，都是其精彩的建筑手法。

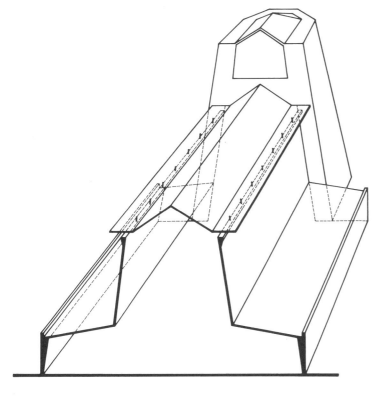

IGLESIA SAN PEDRO (Durazno)

图24 圣彼得教堂，剖切轴测图

最不具备迪埃斯特个性化标志，同时也是他的作品中最为含蓄微妙者，是位于杜拉斯诺市的圣彼得教堂。这个项目给人的第一印象，并不具备让设计者尽情创造的潜力。圣彼得教堂坐落在城市核心广场的南面。1967年，教堂原有的木结构屋顶毁于火灾。改造工程原先设定的内容只是重建屋顶。建筑剩下的部分包括朝向广场的山墙，其立面带有罗马风和文艺复兴的混杂风格。高耸的三角山花上面有一座平面为方形、上部是环状列柱的钟塔，最高处是半球状的塔顶。山墙内侧另有一面墙与它共同支撑钟塔，两面墙之间形成入口前厅。迪埃斯特把这些劫后遗存的结构都融合进新的设计之中。

教堂原有的平面形式是简洁的巴西利卡式(图24)，两边低矮的侧厅和中间的主厅之间有柱廊分隔。如果重建仅仅局限于满足防火要求的新屋顶，那么其结果自然谈不上任何建筑方面的成就。实际上的重建内容，包括除山墙、钟塔和入口前厅之外的所有部分，而迪埃斯特把握了这个机会。

所有新的设计内容，都被限制在街区内长方形的地块里。迪埃斯特新设计的大厅平面，初看起来简单平常。它是一个边长比例4:5的长方形，没有明显的指向性。大厅的尽端自然地过渡到圣坛，圣坛背后的墙是呈轴对称的五边形。大厅的横向剖面仍然是巴西利卡式，然而在侧厅和主厅之间没有柱子和其他任何结构支撑——空无一物，二者之间是完全开敞的大空间。两边侧厅的宽度总和比主厅宽度更大，但高度较低，因而中间的空间体量——主厅沿长轴产生强烈的指向性。主厅两边高起的墙体略微内倾，主厅屋顶的宽度只有主厅高度的一半，使空间高度显得更加夸张。主厅屋顶上方的墙体，遮挡住朝北的巨大天窗。人们站在主厅里看不到窗子，却能看到阳光洒在完全没有开窗的南侧墙面上。

主厅的折板屋顶，呼应富有力量感的折板形墙体。与所有墙面一样，坡度舒缓的人字形屋顶完全由砖砌成(图25)。人字形屋顶的尽端是圣坛上方的光井，对比度强烈的光影效果，让圣坛成为人们视觉的焦点。两条水平的屋顶板充当边梁，对人字形屋顶起到稳定的作用。令人惊奇的是，在墙与折板屋顶之间是贯通主厅纵向的细长光带，在整个教堂墙与屋顶的交汇处形成柔和的光晕，却没有削弱圣坛上方光影的

41

图25 圣彼得教堂室内，从主厅看圣坛　　　　　　图26 圣彼得教堂室内，从主厅看前厅上方的玫瑰花窗

视觉焦点的地位。这两条带状的高窗不仅仅是为了满足采光的需求。精巧的构造设计与施工遍布于这座建筑，当你看到光从似乎不可能的地方出现时，不由地心中生出摆脱了凡尘世界的错觉。

独特的剖面与结构设计，让主厅产生一股具有导向性的空间力量。建筑形式、建筑构造与自然光三者协调统一，不露痕迹地使人的注意力聚焦于教堂里最神圣的部分。主厅与侧厅的空间融为一体，对于体现信众与神父合二为一的氛围而言至关重要，而这种统一也符合迪埃斯特本人的宗教理念。

在你将要离开之际，最后的惊讶正在等待着你。转过身来，你才会看到第三处(也是最后一处)光源——一件砖结构的杰作(图26)。在教堂朝向广场的外立面上，有一扇巨大的镶嵌玻璃窗，自然光透过它照进高耸的入口前厅。迪埃斯特重新设计的砖墙上，用极细的钢筋悬吊着一个由五层六边形的砖构成的"环"，一个从前厅借来自然光的"玫瑰窗"。又一次，美轮美奂的光，与某种建筑材料不可能实现的形式叠加，让人感到一种琢磨不透的神奇(图27)。

这里采用的折板结构，在迪埃斯特的所有作品中独一无二；事实上，在所有伟大建筑的名录中也罕有其匹。主厅两侧的墙体长度超过30米，没有柱子，怎么可能支撑起它们呢? 在主厅两侧墙体和屋顶之

图27 圣彼得教堂室内，仰视圣坛上方的光井

间，怎么可能实现通长的采光带呢？答案在于主厅两侧墙体和屋顶都充当了以教堂的长度为跨度的梁！支撑它们的，是入口前厅内侧的配筋承重砖墙和圣坛处的钢筋混凝土门式刚架。

将承重构件平行于空间的纵向放置，这本身就有悖于人的直觉。为了分析圣彼得教堂的横剖面，你需要拓展自己的直觉。要解决纵向作为跨度这一显而易见的困难，迪埃斯特并没有青筋凸起地蛮干。请注意这些墙、梁和屋顶折板的厚度！主厅两侧的墙体——可以视作略微内倾的梁——是配筋砖砌体结构，高约7.8米而厚度仅250毫米，高厚比接近30∶1。由水平角度为34°的两段板组成的屋顶结构则更为惊人，其跨度超过30米，而厚度仅有约80毫米，高厚比接近400∶1。这些构件的结构合理性，取决于它们的形式。虽然人们能够感受到主厅空间巨大的跨度、侧墙与屋顶之间没有承重关系，却不能直接观察到结构惊人的轻薄。教堂室内纯净统一的砖墙表面，其意义远远超出了选择一种低成本的材料。迪埃斯特再一次"轻盈起舞"。他这样解释道：

"我们建造的结构是否稳固，取决于它的形式，而不是笨拙的堆砌构件。利用巧妙的形式来实现稳固，是最高贵也最优雅的手法，它完成了美学的最高使命。"

迪埃斯特的形式语言，都是围绕着空间的跨度。这个显而易见的事实，揭示了他的作品中一个重要却很含蓄的特征。他的所有作品的平面，都是最简单的几何形状——矩形。他最成功的建筑之一，圣彼得教堂的平面甚至是一个比例暧昧、很难处理的矩形。他擅长使用的曲面，也都被限制在一个显露或者暗藏的矩形之中。他的作品既没有独具匠心的平面组织（他的自宅是一个例外），也没有苦心雕琢而成的外立面。奥秘全都体现在建筑的剖面。他在空间、自然光与结构方面的创新，淋漓尽致地体现于建筑的剖面。虽然迪埃斯特的作品是精巧的设计和施工的产物，但是它却告诉人们，建筑作为一件实物的价值极其有限；而作为与生活息息相关的空间，建筑拥有非常丰富的内涵。

迪埃斯特的结构设计创新，也伴随着非常独特的施工创新：可移动的脚手架、简易的预应力技术和快捷的施工组织等等。在圣彼得教堂里，精致的砌砖工艺引人注目。置身其中的总体印象是，这样一件作品，产生于对建造的精确与经济性的思考和实践。在主厅、侧厅和圣坛三者的交汇处，任意两个平面都不是直角关系，然而砖的砌筑和建筑其他位置一样的完整精美(图28)。除了需要设计者的深思熟虑之外，这样的完美之作还离不开设计和施工过程中出色的各方合作，自然更离不开全身心投入的能工巧匠。

虽然设计基督圣工教堂时，迪埃斯特还处在事业的起步阶段，但是他非常大胆地要求自己、业主以及合作者们绝不只是盖起一座教堂，而是要克服一项挑战。这一原则贯穿着迪埃斯特的职业生涯。理性智慧与精神感召力、完善精到的设计与施工，圣彼得教堂是所有这些要素的结晶。我认为，它是20世纪下半叶世界范围内的重要建筑之一。迪埃斯特为自己的建筑成就倍感骄傲，尽管他很不情愿称自己为建筑师。

迪埃斯特不只是一个工程师和建筑师；他是一位怀有深刻的道义忧患、学识广博的智者。在上文提到的这两座教堂建筑里，他要探寻的是如何为了人们的福祉而把信众、神职人员和礼拜仪式融汇于

图28 圣彼得教堂室内，从西边侧厅看圣坛

一体，尤其是那些被压榨的和无助的底层。在第二次梵蒂冈大公会议①把这一宗旨作为确定的章程公布之前，迪埃斯特在基督圣工教堂就实现了他的这一理想。

他是一个虔诚的教徒。在他书房的墙上挂着耶稣受难的十字架。但是他的思想没有被教会或者更深层次的宗教意识所束缚。他所关心的人道主义，既是政治上的也是人文主义角度的。他这样写道：

"如果设定一个造福人类的共同目标，我们就可以达成广泛的共识。从这个目标衍生出的种种原则，与每一个人信奉的人生哲学和宗教都和谐兼容。

从这种理性的角度出发，聚焦于人类前进的目标，我们周围发生的事令人感到无法接受。正是今天高度发达的这些国家，昔日发起了一场科学地解释现实的革命，并且日后将它应用于技术。这就是被我们称作工业革命的巨变。它在许多方面产生了积极的力量，向人们展示了把世界改造为人类真正的家园的力量。然而，它同时也造就了严重的社会不公。由此产生的反抗点燃了疯狂毁灭的火焰，已经席卷整个世界。"

迪埃斯特深切地关心世界上大多数人遭受的社会不公，他致力于造福包括他的祖国在内的众多国家，

---

① 1962年至1965年在梵蒂冈召开的天主教高层会议，旨在加强天主教与现代社会融合。通过的宪章内容包括，教友不再是观众而是积极敬拜天主的主体等。

使它们摆脱自身和外来的负面影响。他在《技术与落后》这篇文章中写道："有益的努力应当帮助人们获得更多幸福,拥有更多的自我。它包括投入科学、艺术、医疗的努力,还有使我们的乡村和城市、整个地球变成人类家园的努力。只有从这个角度理解的发展,才是有益的、人们渴望的发展。"

正如简洁往往会被歪曲成粗劣的简化,经济性的考虑容易局限于金钱的得失。迪埃斯特为此提出了更高的目标:"我们建造的东西必须具备某种普适的经济性,也就是说,与整个世界深刻的秩序协调。只有那样,我们的作品才具备令我们惊叹的古代伟大建筑的征服力。"虽然迪埃斯特谈论的对象是建筑结构,然而我们还应当注意到,他提出的"普适的经济性"意味着"与整个世界深刻的秩序协调"。圣彼得教堂体现的那种和谐,正是这种普适的经济性的核心。他的祖国如何在一个机会不均等的世界里发展、优质的产品如何公平地分配到各方,这些都是普适的经济性涵盖的对象。

迪埃斯特的思想和作品无疑是形而上学的,然而他拒绝任何形式的目的论,他的理想始终与大地相连。

"清晰地勾画出目标,并非一件容易的事。如果只是勾画出确立目标所需的规律,则要容易得多。这就是为什么'以目标评价过程'是一个可怕的错误。我们并不知道终点在哪里。如果我们的行动违反了确立目标所需的规律,那么理想中的图画将永远无法实现。我们不能把迫切需要的尊严和美留给未来的城市,一味忍受今天的肮脏混乱。尽管在实践中的某些时刻,我们会别无选择而不得不做出妥协,但是我们应当努力恪守那些决定我们未来的规律。"

说到"理论"这个字眼,某些人总是面露鄙夷之色。谈到理论规律与现实的冲突,我不禁想到迪埃斯特曾经讲过的一个故事:他在大学里的某位教授这样反驳那些鄙视理论的人:"理论、理论,理论在现实中失败,恰恰是因为它的理论性还不够!"迪埃斯特对于"普适的经济性"的追求,使他从不回避截然不同的领域里的各种矛盾,但是在他的远大理想背后,始终有理性思考的支撑。

迪埃斯特的成就,源自他坚实的道义关怀和敏锐的理性智慧。它给予我们最本质的启迪。在天真的现代主义者鼓吹决定论,而保守主义者抗拒变革的时代,迪埃斯特提出了有力而又弥足珍贵的反例。他是一个追随最基本的自然规律的工程师,他也是一个切实入世的人文主义者。现实条件的限制与他的社会理想,决定了他所选择的道路。他很清楚如何让各种制约和机会为自己和别人服务,而无需借助短视的权宜之计。最终,他所创造的作品兼具无可置疑的现代风格、社会责任以及善待环境的品质。

接下来的研究对象,是一个让吹毛求疵者警觉的词:形式。迪埃斯特曾这样写道:

"当这个工程师建造仓库时,他同时也在创造建筑,尽管这并非他的主业。他具备一种形式的意识,而这种意识帮助他解决了纯粹结构领域的问题。"

形式是迪埃斯特的结构创新的先锋。我认为,他在这里探讨的形式,不是类似悬链线那样的具体形式。相关的知识已经为众人熟知,并且过于技术性。另一方面,迪埃斯特厌恶建筑随心所欲的形式主义。因此,他所说的"形式的意识",显然是某种抽象原则的一部分。我们又一次想到迪埃斯特所说的"普适的经济性"。但是我们如何从更具体的角度理解这一概念呢?

迪埃斯特自己的表述为我们提供了线索:"假如我必须归纳我们的探索背后的驱动力,我认为那就是表面自身固有的价值。""表面"给人的第一印象似乎是一个危险的词:"表面处理"、"表面涂层"等等仿佛都暗示着肤浅。如果有机会深刻地探究,我们不愿停留在事物的表面。迪埃斯特却在"表面自身固有的价值"里发现了某种深刻的东西,让他意识到对于形式的探究可以反过来解决结构的难题。

迪埃斯特排斥矩形的框架体系。并且,他也拒绝采用拱券和肋等二维曲面形式,因为这样的形式需要在高效合理的结构之外附加冗余的材料。迪埃斯特的结构创新,建立在特定曲面的高效与经济性之上。简洁的曲线形式,使自稳定筒壳可以充当梁。"S"形剖面,使每一个大跨度的高斯曲面壳体单元获得足够的刚度。无疑,这些真材实料的壳体具有一定厚度,但是它们的承载力和稳定性,取决于结构的形状而不是厚度。迪埃斯特通过巧妙的细部,强化形式的表现力。再来看那些自稳定筒壳悬挑的末端:相对其跨度而言,结构是如此的轻薄。以至于我们感受到的只有线和面,而不是体积。

高斯曲面与自稳定筒壳,这两种在迪埃斯特作品中多次出现的形式,足以为"形式的意识"做注解。但是他对于形式的探索,并不局限于此。让我们再回到圣彼得教堂的折板结构。屋顶与墙的厚度和它们的跨度相比,显得微乎其微,我们可以视其为二维的面而不是三维的体。典雅的砌法和细致的砂浆勾缝,强化了这种感觉。在自然光的晕染下,一种朴实谦卑的材料营造出圣洁肃穆的空间。

在迪埃斯特设计的世俗功能建筑里,自然光提供了高效的实用性。在圣彼得教堂里,它实现了升华。阿根廷建筑师阿尔伯托·派提纳(Alberto Petrina)对于基督圣工教堂中光的运用惊叹不已。我认为他的这段评价同样完美地适用于圣彼得教堂:

"光是这些教堂中不可或缺的元素。整个结构仿佛会因失去光而瓦解。光好像是被一股磁力吸引着投射而来;它和建筑材料相互交织,直到融为一体。人们赞颂和膜拜光。它宣告了神的存在,或者至少是完美地模拟了这种存在。"

最终,正是光在结构和材料表面的律动以及巧妙的形式,使迪埃斯特实现了"一种轻巧、一种神奇的潇洒自如,一分简洁的质朴,好似轻盈起舞"。

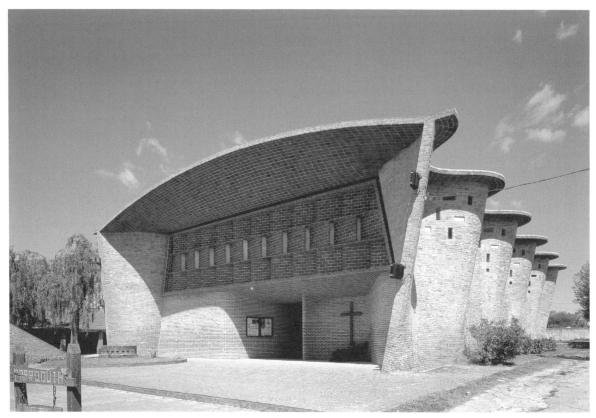

图29 教堂的北侧入口立面

CHURCH OF CHRIST THE WORKER
基督圣工教堂

阿特兰蒂达 (Atlantida)

1958~1960年

令人惊叹的是，这座教堂是迪埃斯特的第一个建筑作品。它的周边环境是一个聚落松散的小村庄，村民们主要从事农业和手工业。

在地面标高处，这座建筑的平面是一个简单的矩形。从地面向上，墙体变为正弦曲线形状，波浪状的起伏随高度增加而逐渐加强，在墙体顶部达到最大幅度。很薄的砖墙不但自身结构稳定，并且支撑着连续的双曲拱壳屋顶。埋设在屋顶波谷处的钢连杆，两端固定在向外挑出的边梁上。曲面的墙与屋顶貌似形式复杂，却异常简洁

图30 西侧波浪
状的墙

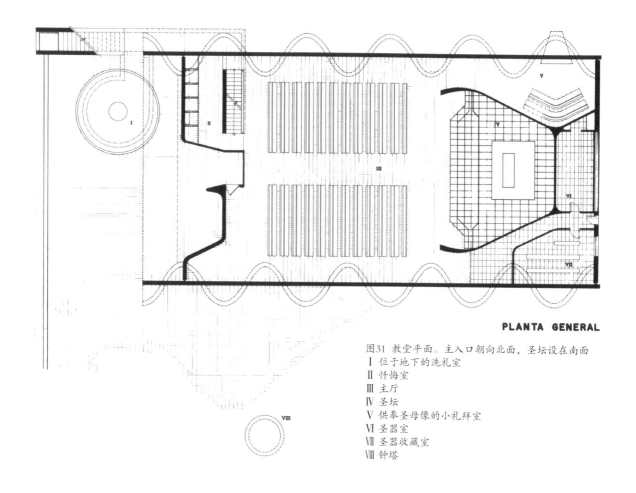

PLANTA GENERAL

图31 教堂平面。主入口朝向北面，圣坛设在南面
Ⅰ 位于地下的洗礼室
Ⅱ 忏悔室
Ⅲ 主厅
Ⅳ 圣坛
Ⅴ 供奉圣母像的小礼拜室
Ⅵ 圣器室
Ⅶ 圣器收藏室
Ⅷ 钟塔

地交汇于同一个水平面内。

　　迪埃斯特曾经在文章中提到，他希望把教堂里的信众与神职人员置于同一个空间内。这座教堂的内部空间实现了他的理念。在这座建筑中，还有一条空间路径象征精神的洗礼，象征信徒被教会大家庭接纳：独立于主体建筑之外，有一条与教堂纵向平行的地道，通向设在地下的圆形洗礼室。洗礼室通过另一个楼梯与主厅联系，形成空间的统一。稍有抬高的地坪变化和巧妙的自然光设计，限定了圣坛附近的空间。

图32 维托里奥·威盖利托正在砌砖墙，他是与迪埃斯特合作多年的工匠。教堂的墙面是直纹曲面，砌砖借助于施工支架内部的控制线

图33 南北两端的山墙尚未施工，可见正弦曲线形状的屋顶和东西两侧墙体

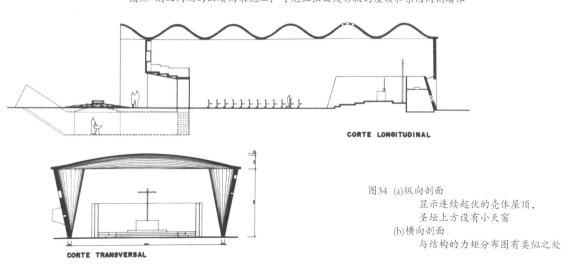

CORTE LONGITUDINAL

CORTE TRANSVERSAL

图34 (a)纵向剖面
　　　显示连续起伏的壳体屋顶，
　　　圣坛上方设有小天窗
　　(b)横向剖面
　　　与结构的力矩分布图有类似之处

51

图35 东立面。当人们面朝圣坛的方向走进教堂，看不到曲面墙体上光孔一样的小窗。

图36 从北侧入口看主厅

图37 独立的附属入口，通向地下的洗礼室，
然后进入教堂。象征着基督教的教义

图38 从圣坛看北侧入口。显示射入室内的自然光源

　　自然光是赋予这座教堂室内空间的力量。室内柔和而神秘的自然光来自不引人注目的地方：入口上方夹层唱诗班坐席背后的砖格栅、嵌在朝向圣坛的曲面砖墙上的几处小光孔，还有圣坛正上方一组小巧的天窗。建筑两侧的曲面砖墙，与它支撑的屋顶形成一个稳定的结构整体。入口山墙上，自然光画出的一道缝隙，显示出山墙和屋顶、侧墙都没有结构关系。

图39 沿东侧墙看唱诗班夹
层的楼梯

图40 沿西侧墙，可以看出北端山墙与侧墙、
屋顶的结构脱离

图41 显示正弦曲线形状的屋顶和西侧墙
体如何交接(左)
图42 供奉圣母像的小礼拜室。墙上有一
个刻意凸进室内的窗。右边前景是非承重
的砖砌隔墙

图43 沿横轴方向的内景

图44 唱诗班夹层的楼梯与栏杆

图45 北侧入口上方的砖砌斜向格栅。以石膏代替玻璃，过滤北面强烈的阳光

图46 仰视钟塔内部，可
见从塔身悬挑出的螺旋
状砖砌台阶

图47 教堂西侧的砖结构钟塔

图48 黄昏低斜的阳光,钟塔的影子投在教堂的曲面墙体上

图49 神父住宅的街景，可见镂空的砖砌拱顶

CHURCH OF OUR LADY OF LOURDES

卢尔德圣母①教堂

蒙得维的亚 (Montevideo)

1965~1968年

合作建筑师：阿尔贝托·卡斯特罗

这个项目的主要特征，是先建成新的教堂罩在尚未拆除的老教堂之上。由于主持项目的神父突然去世，工程失去了经济支持，陷于永久的停顿，已建成的只有圣坛的局部和神父的住宅。圣坛旁是高耸的双层墙体，楼梯嵌在中间的空隙处，其施工无需搭建脚手架。

图纸显示，圣坛上方是一个有简单几何图案的天窗。然而，这并非最终确定的方案。另有模型照片显示，有一种比较方案是三个十字架形状的天窗。主厅的直纹曲面墙体，比基督圣工教堂的墙更高，并且墙体顶端和落地处的截面都是正弦曲线，而基督圣工教堂的墙体落地处是一条直线。

① 卢尔德圣母(Our Lady of Lourdes)，卢尔德(Lourdes)是法国南部的一个小城，据传圣母玛利亚曾多次在此显圣。

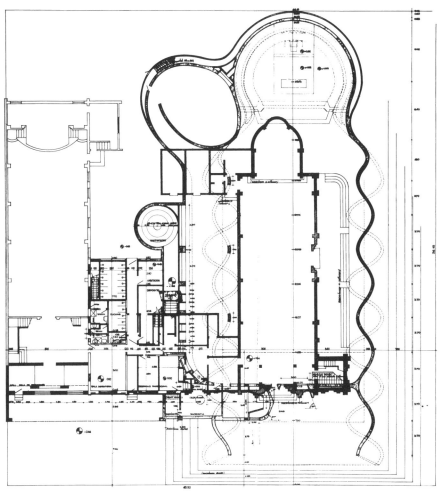

图50 平面图，显示了新建的教堂包裹老的教堂

图51 镂空的砖砌拱顶(左)
图52 圣坛部分未完工的墙体片段，
可见其双层墙体

63

图53 参照卢尔德圣母教堂的设计建成的教堂

CHURCH OF SAN JUAN DE AVILA
阿维拉的圣胡安^①教堂
马德里，西班牙 Madrid,Spain

1996年

合作建筑师：卡洛斯·克莱门特与胡安·迪洛斯·德拉霍兹

1993年，迪埃斯特参照未建成的卢尔德圣母教堂的方案，设计了这座位于马德里郊外的教堂。某些近30年前的设计细节，已经难以确定。入口处巨大的圆形玫瑰窗和圣坛上方十字形的天窗，显得不尽完美。

---

① 阿维拉的圣胡安(San Juan de Avila，1500~1569)，西班牙神父，天主教圣徒之一。

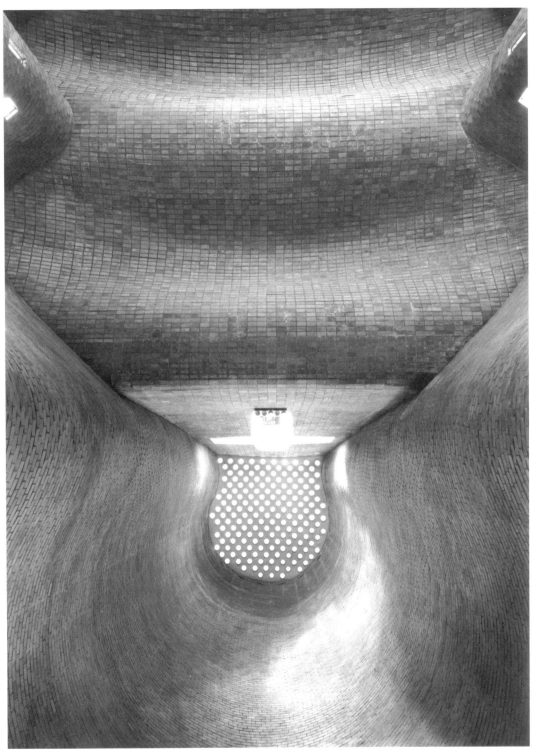

图54 从圣坛仰视上方的光井，可见波浪状的壳体屋顶

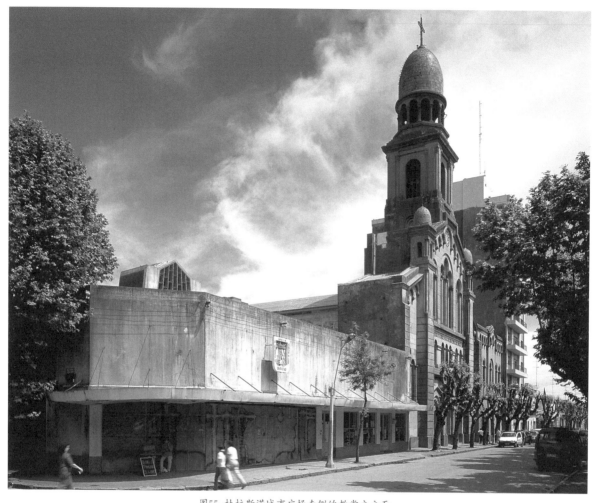

图55 杜拉斯诺城市广场南侧的教堂主立面

CHURCH OF SAINT PETER
圣彼得教堂

杜拉斯诺 (Durazno)

1969~1971年

合作建筑师：阿尔贝托·卡斯特罗(Alberto Castro)、结构工程师劳尔·罗麦罗(Raul Romero)

杜拉斯诺市的圣彼得教堂，在一场火灾之后仅剩下新古典罗马风的沿街立面、主入口的前厅和外围的一些墙体，建筑的其余部分都毁于火灾。在修复教堂的设计中，迪埃斯特没有满足于仅仅新建屋顶，而是创造了独特的空间与光影效果，使这座重生的教堂跻身于世界上最杰出的现代教堂之列。

圣彼得教堂的结构设计非常独特，即便在迪埃斯特的所有作品中也是独一无二的。新建的墙体和屋顶都是非常轻薄的折板，从入口前

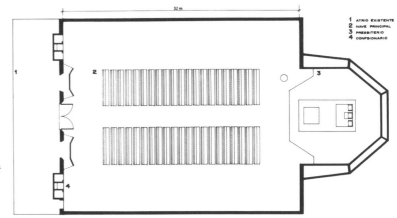

图56 教堂平面
① 火灾后遗存的入口前厅
② 主厅
③ 圣坛
④ 忏悔室

厅到圣坛的跨度达到30米以上。这个彻底开敞的大空间，与横剖面显示的巴西利卡式空间形成了强烈反差。依照传统的做法，高耸的主厅与两边侧厅之间通常有柱廊分隔。

主厅的侧墙与两边侧厅的屋顶是一个连续的折板，主厅的屋顶是另一个折板。两个折板之间仅有一些细小的钢柱连接，形成狭长的天窗。屋顶下连续的自然光带，显示主厅屋顶并非由侧墙支撑这一重要的结构特征。沿整个主厅晕染出两道耐人寻味的漫射光，与圣坛上方戏剧化的光形成对比。

圣坛侧面的墙高出人字形的折板屋顶，形成一个朝向北面(即阳面)的巨大天窗。倾泻在圣坛旁边的墙面上的自然光，亮度和角度都在不断变化，为静态的主厅空间增添了灵动的活力。从原有外立面上的窗子射入前厅的阳光，再由精巧的砖砌玫瑰窗过滤，柔和地流入主厅。

图57 从入口看圣坛。可以看到两侧墙体与屋顶之间连续的光带，以及圣坛上方天窗射下的自然光

67

图58 从侧厅看圣坛。显示连续的开敞空间、主厅侧墙与圣坛侧墙圆润精致的砌砖工艺

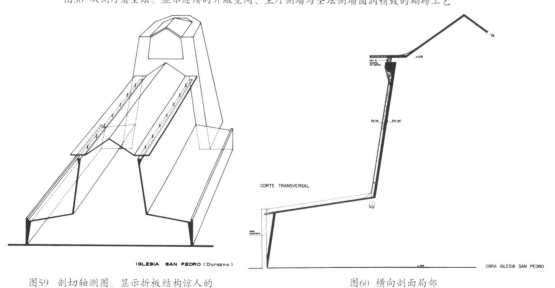

IGLESIA SAN PEDRO (Durazno)

图59 剖切轴测图。显示折板结构惊人的
轻薄、巨大的跨度以及开敞的空间布局

图60 横向剖面局部

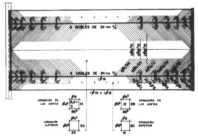

TECHO DE NAVE CENTRAL

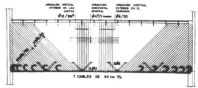

ALZADO VIGA PARED PRINCIPAL

图61 (上)屋顶配筋图
(下)主厅侧墙配筋图

图62 仰视圣坛上方,左侧是老教堂原有的
十字架,由雕塑家克劳迪奥·西尔维拉[1]制作

① 克劳迪奥·西尔维拉(Claudio Silveira Silva, 1939~2007),乌拉圭雕塑家。

图63 入口前厅。左侧为老教堂遗存的墙体，右侧是新建的带玫瑰花窗的墙体

图64 从主厅回望入口。两侧简洁质朴的砖墙，衬托着入口上方的玫瑰窗

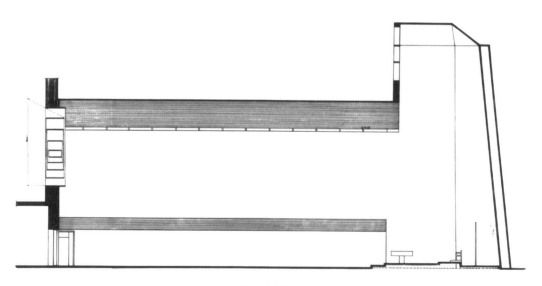

图65 纵向剖面。清晰简洁的结构，包含多处微妙的变化

图66 砖砌成的玫瑰窗仿佛悬浮在空中

瓜斯塔维诺、迪埃斯特与砌体拱顶结构的两次革新

爱德华·艾伦 (Edward Allen)

古代的砌体拱顶结构，都是工匠们凭直觉来确定其形状和比例。这种厚重的屋顶进化成有配筋加固、通过数学计算设计而成的轻薄的壳体，经历了两次革新。

第一次革新发源于19世纪末的西班牙加泰罗尼亚地区。拉斐尔·瓜斯塔维诺(Rafael Guastavino，1842～1908)将当时仍属新生事物的图解静力学应用于传统的加泰罗尼亚式拱顶，创造出基于科学计算的砖砌拱顶。

第二次革新发生在20世纪后半叶。埃拉蒂奥·迪埃斯特以钢筋混凝土壳体的数值理论为出发点，设计并且负责建造了形式大胆新颖的结构，实现了前所未有的砖砌体大跨度空间。

本文将着重探讨瓜斯塔维诺的作品以及它们与同时代其他建筑师、工程师的关系。文章的结尾处将比较瓜斯塔维诺与迪埃斯特的创新。

图解静力学在砌体拱顶发展中的应用

从历史上看，砌体拱顶依据地域可分为三种类型：欧洲式、中东式和加泰罗尼亚式(图67)。

欧洲式拱顶又可细分为罗马式、罗马风复兴式、哥特式与文艺复兴式。欧洲式的拱顶形状一般是

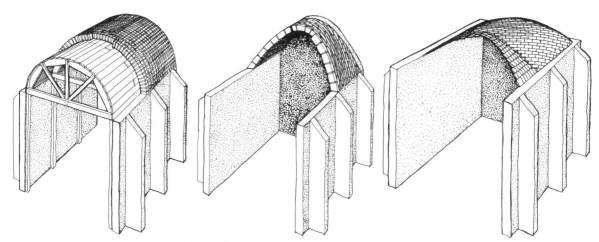

图67 三种传统的砖砌拱结构，分别为欧洲式、中东式和加泰罗尼亚式

圆弧，施工中需要临时的模板在拱顶下面支撑。这种拱顶相对而言厚度较大，石块或砖的长边沿着半径方向摆放。为吸收拱顶产生的水平推力，需要设置贴墙扶壁或者飞扶壁。

中东式的拱顶(无论是筒壳还是穹顶)，施工都不需要临时的模板支撑。施工时，砖的长边沿着弧线的切向摆放，并且在砌筑时向一端山墙略微倾倒。穹顶则采用螺旋状的砌砖方式。或许是因为当没有模板支撑时，沿着抛物线砌砖更容易些，这种砌体拱顶的横截面一般都接近抛物线而不是圆弧。与欧洲的情形相似，中东地区的拱顶也是既厚且重，同样需要厚实的侧墙或贴墙扶壁来吸收水平推力。

加泰罗尼亚的传统拱顶技术，最早出现于巴塞罗那地区，它与上述两种技术有显著的差异。它把类似瓦片的砖多层叠合，比上述两种拱顶的重量与厚度都要小许多。通常起拱的矢高也低许多，有时候矢高只有跨度的十分之一。由于各层砖缝的角度错开，这种拱顶异常坚固。它的厚度非常之小，像一个小手鼓的蒙皮。因此有些时候，它也被称为"鼓形拱"。

加泰罗尼亚的传统拱顶技术适用于多种结构：穹顶、筒壳、枕头形拱和螺旋楼梯，以及跨度不超过一米的"平拱"。依靠一种独特的建造工艺，所有的加泰罗尼亚式拱顶的施工都不需要模板支撑。具体方法是：首先砌筑最下面的一层砖，侧边相抵平铺，用成分为纯石膏的灰浆砌筑。这种被称为"巴黎灰浆"的材料黏结力非常强，凝固极其迅速。由于环境潮湿会影响石膏的强度，不能用它来砌筑拱顶的主体。在第一层上面重叠的每一层砖和各层之间，都用水泥砂浆砌筑，它不但防水并且强度胜过石膏灰浆。

直到19世纪末，确定砖砌拱顶的形状和比例仍依靠估计和经验。其结果就是，欧洲和中东地区的拱顶都非常厚重，而且造价昂贵。加泰罗尼亚式拱顶虽然比它们轻薄许多，但是设计过程同样完全依赖直觉。

从17世纪末起，开始出现以数学的形式确定拱顶的形状和受力情况。1748年，乔万尼·波莱尼(Giovanni Poleni，1683~1761)在意大利的帕多瓦发表了一篇论文，研究如何确定穹顶的合理形状。1866年，瑞士苏黎世联邦理工学院(ETH)的教授卡尔·库尔曼(Karl Culmann，1821~1881)出版了《图解静力学》一书。他把波莱尼的假设变成简洁有效的计算方式，第一次全面阐述了图解静力学。它利用成比例地绘图而不是数值计算，为工程师们提供一种快捷的方法，可以同时确定砌体拱顶的合理形状以及应力状况。

图68~图71显示了如何确定跨度280英尺[①]的体育馆屋顶的形状和受力情况。设定的条件如下：拱形屋顶两端最低点是X点与Z点，屋顶必然经过Y点。Y点在X、Z两点水平方向的中线上。屋顶承受均匀分布的重力荷载，每一段结构在三个力——重力与两个方向压力的作用下，必须满足受力平衡。依照基本的力学规律，三个力的向量形成封闭的三角形时，达到受力平衡状态。

设计要达到的目标，是为拱顶找到一种"索状(funicular)"的轮廓。"funicular"这个词源自拉丁语

① 为了与附图上的数值保持一致，此处沿用英制单位。每一英尺合0.30米，每一英寸合25.4毫米，每磅合0.45千克。图中的"#"符号代表重量单位磅。

"funiculus"，意思是绳索。拱顶的索状弧线，是将一条有弹性的绳索由同样模式的荷载生成的形状上下翻转。如果是受力点唯一的集中荷载，绳索将呈"V"形，而拱顶形状是一个翻转的"V"形。如果除了自重还有水平方向均布的荷载，绳索将呈抛物线。如果只承受自重，绳索将呈悬链线(与抛物线非常相似，但是数学表达要复杂得多)。索状结构的优点是在设计荷载的作用下，拱顶内只有压应力而没有弯曲应力。因此，我们能够以最少的材料满足结构稳固。进一步讲，通常这样生成的形状看上去都很优雅。

在下面的图示例子中，长度每一英尺的拱顶，承受的竖向荷载为21000磅。在图68顶部，将21000磅等分为7份，相当于7个集中荷载分别作用于7段拱顶的中点处，力的作用线向下延伸，与将要生成的屋顶轮廓线相交。图68右边自a到H7个竖向的等长线段，首尾相连，代表这7个集中荷载的强度。通过比例换算，ah的总长度代表整个跨度范围内长度一英尺拱顶承受的荷载。

由于受到水平方向均布的荷载，拱顶的轮廓将是一条抛物线。抛物线具有一些重要的几何特征。经过两端点X与Z分别引曲线的切线，交点必然在两端点水平方向的中线上。连接XZ，求得抛物线将要经过的Y点与线段XZ之间的竖直距离S，从Y点竖直向上同样的距离S，即得到两条切线的交点。

图68所示，从荷载示意线上端的a点，引一条经过X点的切线的平行线；再从荷载示意线下端的h点，引一条经过Y点的切线的平行线。两线相交与O点。

得到的三角形aoh，对于整个拱顶是一个稳定的力的三角形。荷载线ah代表整个拱顶的荷载，Oa和Oh分别代表X与Z点产生的力。我们可以量得线段Oa和Oh的长度，通过比例换算，确定它们代表的力的强度。这个按比例绘制的图形，也是构建"力的多边形"的第一步，可以由此逐步计算出每一段拱顶内的力。

图69所示，画出线段Ob。力的三角形oab代表拱顶最左边的一段在3000磅荷载下的受力平衡。在剖面图中，经过X点的切线与代表最左侧3000磅荷载的竖直线相交，再从该交点引出ob的平行线。剖面图中加粗的两条线段，都与拱顶的抛物线相切。通过比例换算，即可得出这两条线段中每一英寸拱顶内受力的数值。

图70所示，依照同样的步骤，确定下一个荷载受力点拱形对应的形状。用粗线绘制下一个力的三角形，它与上一个三角形有共用的边Ob。经过比例换算，根据力的三角形中的Oc，可以确定剖面图中的一段屋顶。

重复以上步骤，直到完成与每段拱顶对应的力的三角形(图71)。最终获得的平滑曲线，经过XZ两点并且在折线每一段的中点与折线相切。不必借助高等数学，就可得到屋顶的"索状"曲线，并且确定了结构内部各处的应力数值，误差不超过百分之一。

拱顶的截面采用"索状"曲线的优势在于，它比采用半圆或圆弧形状显著地节省材料。以这个体育馆屋顶为例，理论上荷载极限为600磅/平方英寸[①]，跨度280英尺的拱顶，结构厚度只有2.7英寸，相当于跨度的1/1200。

---

① 磅/平方英寸(psi)，压强单位，合700千克/平方米。

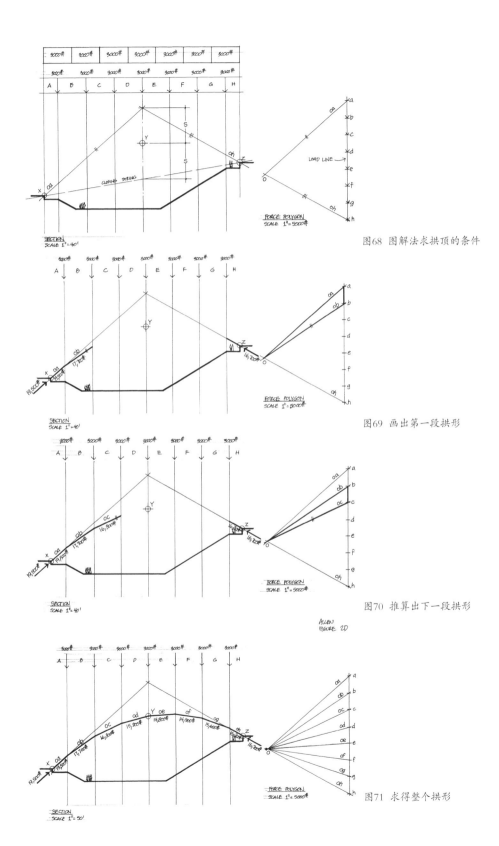

图68 图解法求拱顶的条件

图69 画出第一段拱形

图70 推算出下一段拱形

图71 求得整个拱形

75

图72 瓜斯塔维诺在北美设计的砖砌穹顶拼成的立面图

图73 纽约哥伦比亚大学的圣保罗小教堂穹顶施工用图，绘制者是与瓜斯塔维诺合作的结构工程师尼尔森·古德依(Nelson Goodyear)。图中的几处扇形，是用来确定穹顶的最佳形状及相应的受力情况

　　这种设计索状拱形的方法非常快捷有效。它在确定拱顶曲线的同时，也得出了不同段的受力强度，在图解静力学的多种技巧当中，以上介绍的是典型的一种。它问世不久，就被世界各地的工程师和建筑师们广泛采用。

第一次革新: 瓜斯塔维诺与图解静力学

　　自19世纪60年代末起，瓜斯塔维诺以传统的加泰罗尼亚拱顶为屋顶结构形式，在巴塞罗那设计并且负责建造了一批体量巨大的工业建筑。1881年，他离开巴塞罗那，移民来到纽约，在那里创办了一家专注于穹顶设计及施工的结构事务所。随后的70年里，这家事务所为北美大陆建起了数千座建筑的穹顶。与之合作的知名建筑师或事务所包括麦金姆、米德与怀特(Mckim, Mead and White)、拉尔夫·亚当斯·克兰姆(Ralph Adams Cram)、厄内斯特·佛莱格(Ernest Flagg)、凯斯·吉尔伯特(Cass Gilbert)、博特纳姆·古德休(Bertram Goodhue)、华伦与维特莫(Warren and Wetmore)、卡雷利与黑斯廷斯(Carrere and Hastings)等。仅在曼哈顿，瓜斯塔维诺事务所就建起了三百多个穹顶，包括尤利西斯·格兰特墓(1890)、圣约翰大教堂(1908~1911)、中央火车站(1909~1913)、埃利斯岛移民局大厅(1917)、联邦储备银行(1923~1924)与河滨教堂(1930)等著名建筑。纽约以外的作品包括，波士顿公共图书馆(1887~1898)和波士顿地区的几座教堂、明尼苏达州和内布拉斯加州议会大厦等建筑的穹顶。瓜斯塔维诺事务所的作品，遍及美国的41个州、加拿大的9个省和其他9个国家。

　　在瓜斯塔维诺之前，建造前文提到的三种传统的砌体拱顶和穹顶，都是依赖设计者或工匠们的直觉和世代传承的经验，体型难免既厚且重，浪费大量的材料。瓜斯塔维诺把图解静力学用于加泰罗尼亚的传统拱顶，建造出具备经济性和科学性的砖砌穹顶(图73)。他利用图解静力学为穹顶做结构找形。为了使结构内的弯曲应力达到最小，剖面一般是"索状"的曲线，如抛物线或悬链线而不是圆弧。图解静力学还可以确定每一处结构合理的最小厚度，因此瓜斯塔维诺能够在结构安全的前提下，把用料降到最省。他建造的穹顶非常轻巧优雅，其中的绝大多数直至今日仍然完好。通常，瓜斯塔维诺的穹顶结构厚度只有大约80毫米，仅是传统穹顶厚度的几分之一。由于使用烧结黏土砖，这些穹顶具有很好的耐火性能。与其他大空间结构形式相比，施工成本更低，并且耐久性极为出色(近年来维修瓜斯塔维诺的几座拱顶时发现，只有极少几块砖需要替换)。从建筑的整个生命周期衡量，它们的建造成本低得异乎寻常(图74)。

为了建造图解静力学的结果所示的轻薄结构，瓜斯塔维诺离不开加泰罗尼亚的传统建造技术。施工过程无需在穹顶下搭建和拆除模板(某些简单的二维拱券施工除外)，显著地节省造价和工时。他指挥着工人们"凌空"建起穹顶，从根部的四边开始，向中心汇拢(图75~图78)。施工中，利用放线和样板来精确地定位穹顶的形状。工人们也不需要脚手架，而是站在已经完成的穹顶边缘，再向中心部位继续砌砖。建成后形状完美、表面圆滑的穹顶，显示了这些工人的精湛技艺。

瓜斯塔维诺之后：图解静力学的其他使用者

1875年，瓜斯塔维诺为巴尔托(Balto)公司设计的厂房在巴塞罗那建成。此后，每年都有当地建筑学校的学生前去参观，其中就包括年轻的安东尼·高迪(Antoni

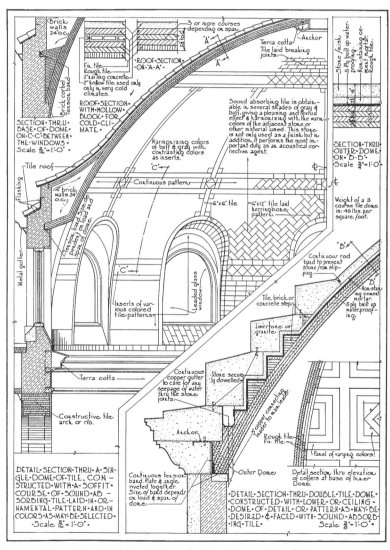

图74 标准的文艺复兴式穹顶细部详图，由瓜斯塔维诺事务所绘制。砌体厚度因跨度与荷载而异，一般为120~150毫米

图75 瓜斯塔维诺(右侧立者)在波
士顿公共图书馆的拱顶上

图76 平铺砌块的拱顶，施工不需要模板支撑。位
于波士顿公共图书馆前厅的楼梯下

图77 波士顿公共图书馆内的半圆拱。
半圆拱并非理想的拱顶结构曲线，因此
需要肋和墙体加强结构刚度和稳定性

图78 瓜斯塔维诺为波士顿公共图书馆建造的拱顶

Gaudi, 1852~1926)。日后，他将穷其一生探求一种"自然"的建筑。从建筑学校毕业后不久，高迪从他的朋友胡安·马托雷尔(Juan Martorell)那里学到了图解静力学。正如瓜斯塔维诺在美国所做的那样，高迪在他的整个职业生涯，都使用这种方法为他设计的加泰罗尼亚式拱顶找到"自然"(也就是"索状")的曲线。

但是高迪向前更进了一步。他还使用图解静力学来确定拱顶根部产生的推力的方向，将支撑的柱子顺着受力方向布置。这样，就不必使用他认为很不自然的扶壁结构。在古尔公园(1900~1914)、古尔小教堂(1898~1915)，以及1884年动工而至今尚未完成的圣家族教堂，都可以看到这种向内倾斜的柱廊。

众所周知，高迪利用一套精巧的悬链模型为他的古尔小教堂结构找形。然而，有记录显示他与瓜斯塔维诺一样，依靠图解静力学完成了他的绝大多数结构设计。他曾经这样描述道："圣家族教堂的拱顶曲线是依靠图解计算得来，古尔小教堂的拱顶曲线是依靠模型试验得来，然而两种方式获得同样的结果，一个是另一个的孩子。"

19世纪末到20世纪初，一大批才华横溢的建筑师聚集在巴塞罗那及其周边，高迪只是其中之一。他们中的绝大多数人，都利用图解静力学设计砖砌的拱顶结构。布兰科(Luis Moya Blanco，1904~1990)与布鲁奈特(Cesar Martinell Brunet，1888~1973)，追随高迪引领的"自然"建筑，是这群建筑师中的佼佼者。

在利用图解静力学方面，高迪和瓜斯塔维诺汇入了工程技术的浩荡主流。法国工程师埃菲尔的助手莫瑞斯·科什兰(Maurice Koechlin，1856~1923)是卡尔·库尔曼在苏黎世联邦理工学院的学生。科什兰利用图解静力学为埃菲尔设计的构筑物找形。埃菲尔铁塔相当于一个对称的悬挑桁架。通过简单的图解，为它确定了呼应风荷载规律的索状曲线。这一形状使得埃菲尔可以去掉铁塔基座部分粗大的对角斜撑。铁塔的底层变得开敞，是美学方面成功至关重要的一步。埃菲尔为加拉比特河大桥(River Garabit)与杜罗河(River Douro)大桥，利用图解设计出飞去来器[①]形状的拱形桁架，稳固地托举着桥上疾驰而过的火车。

瑞士结构工程师罗伯特·马亚尔(Robert Maillart，1872~1940)，曾在苏黎世联邦理工学院师从威廉·里特(Wilhelm Ritter，1847~1906)学习图解静力学，而后者正是库尔曼的继任者。马亚尔利用图解静力学为他设计的混凝土桥梁找形(图81)。与埃菲尔设计的铁塔类似，马亚尔设计的混凝土拱桥，例如萨尔基那大桥(Salgina Bridge)，结构的形状严格地呼应压力的分布。施万巴赫大桥(Schwanbach Bridge)异常薄的混凝土拱，是利用图解静力学基于对称荷载确定的。在非对称的荷载下，桥面钢筋混凝土板的刚度将使应力分散，从而限制结构的过量变形。直到今天，这些成就依然在工程界备受敬仰。

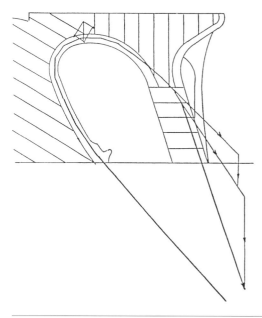

图79 高迪为巴塞罗那古尔公园的挡土墙找形用的图纸。大批高迪的图纸毁于西班牙内战，这是幸存的零星几幅图纸之一

---

① 飞去来器(Boomerang)，一种带弧度的"V"字形打猎用具，掷出后可以利用空气动力学原理自动飞回，曾作为一些地区土著的狩猎工具。

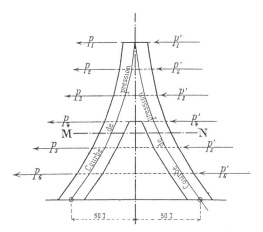 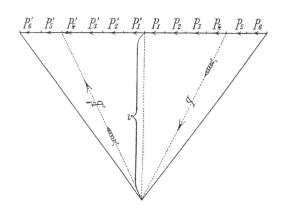

图80 埃菲尔为铁塔找形用的图纸。

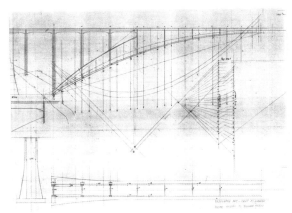

图81 马亚尔为萨尔基那大桥找形用的图纸

图82 毕林杰里住宅，屋顶由迪埃斯特设计

迪埃斯特与砌体拱顶的第二次革新

在蒙得维的亚大学工程系学习期间，迪埃斯特学到了图解静力学。在他1943年毕业之前，还学到了工程计算用的数值方法，以及钢筋混凝土结构的理论和实践知识。

砖结构是乌拉圭最廉价的结构类型。从他事业的起点，迪埃斯特就选择这种材料用于他的绝大多数作品。当时，正值菲利克斯·坎德拉(Felix Candela，1910~1997)和埃德瓦多·特罗哈(Eduardo Torroja，1899~1961)因飘逸的钢筋混凝土薄壳享誉世界。混凝土是现代建筑运动所青睐的材料。选择砖而不是混凝土作为结构材料，迪埃斯特无疑是逆流而上，注定了他日后远离研究者的关注。他曾这样写道：

"砖是一种具有无限可能性的材料，却几乎完全被现代技术所忽略。……我相信，砖与钢筋混凝土具有同样巨大的结构潜力。砖结构能够塑造丰富多样的形态，产生如交响曲一般雄浑有力的空间。与之相比，现代主义主流早期作品的空间，显得过于粗浅。"

1946年，也就是大学毕业三年之后，迪埃斯特第一次有机会尝试砖结构。他将配筋砖筒壳用于毕林杰里住宅的屋顶。仅仅又过了十年，他已经可以在基督圣工教堂使用多种新技术：后张法预应力的双曲薄壳屋顶，还有横截面为正弦曲线的直纹曲面砖墙。

毕林杰里住宅的建筑师安东尼·伯奈特，建议迪埃斯特依照无模板的加泰罗尼亚传统，采用瓜斯塔维诺的方式，用薄的黏土瓦来砌筑屋顶。但是迪埃斯特最终选用了普通的黏土砖，施工中使用临时的模板支撑。他设计的屋顶与瓜斯塔维诺的技术，还有其他几项显著不同。虽然瓜斯塔维诺在砌体结构加筋、后张法预应力方面都拥有专利，但是他设计的绝大多数屋顶都采用无配筋砌体。与之相反，迪埃斯特几乎总是使用配筋的砌体，并且经常利用后张预应力的钢筋。瓜斯塔维诺的结构计算依靠图解法，他设计的屋顶形状，基本上都是传统的拱形或者穹顶。而迪埃斯特借鉴了20世纪较为普遍的一些新形式。他以数值方法作为计算工具，很方便地计算受弯而不是单纯受压的自稳定筒壳。

迪埃斯特使用的结构形式

迪埃斯特使用的结构形式分为四类，都是在瓜斯塔维诺的时代无法实现的。

第一类是矢高较低的双曲拱顶。迪埃斯特利用这种只受压应力的薄壳，设计了多座工业建筑屋顶，最大跨度约54米。他为这类薄壳结构自创了一个称谓："高斯拱壳"——显然是出于对德国数学家卡尔·高斯(Karl Gauss，1777~1855)的敬意。

第二类是圆筒状的筒壳。与高斯拱壳相同，横向剖面内只有压应力，和高斯拱壳相同；纵向的受力模式与梁相同，抗弯能力源自其圆筒形状。迪埃斯特设计的这类结构，横向最大柱间跨度12.6米，纵向最大柱间跨度32米，另有16.2米长的柱外悬挑。

第三类是折板结构，他的主要作品当中只有两例。其中之一是杜拉斯诺的圣彼得教堂。迪埃斯特事务所编纂的作品名录，把这座教堂称作"我们事务所完成的技术难度最大的作品"。它的结构就像折起的卡片纸，结构的强度与刚度都是源自这种折叠。

第四类是直纹曲面，以基督圣工教堂为代表。其他实例还包括阿维拉的圣胡安教堂和蒙得维的亚购物中心。这些建筑的墙面，都是由直线以正弦曲线为路径生成的曲面。[①]

第二次世界大战后，迪埃斯特并不是第一个使用配筋砖结构的设计师。在西班牙，建筑师桑切斯(Sanchez del Rio de Pison)设计并且指导建成了多座新颖的黏土砖配筋结构。特罗哈也完成了一些砖拱顶的教堂和水塔。然而，迪埃斯特在两个方面超越了其他利用配筋砖结构的设计师。其一，他以非凡的技巧驾驭各种砌体结构，例如承受弯曲应力的悬挑筒壳、承受巨大水压的水箱还有折板结构；其二，他的作品中蕴含着饱满的诗意与力量感。他的思维仿佛毫不费力地从数学分析跳跃到永恒的诗意，从技术转换到哲学。技术和艺术之间没有界限，他的所有努力都是天衣无缝的整体。他设计的教堂，同样是结构、形式和空间合为一体，无需任何非承重的元素装点室内空间。虽然特罗哈的知名度远远胜

---

① 另一位西班牙的结构大师坎德拉，因设计马鞍形的双曲抛物面结构而享誉世界，但迪埃斯特却从未使用过这种直纹曲面。或许他不喜欢这种几何形的模样，或许仅仅是因为他觉得马鞍面不及他常用的几何形。

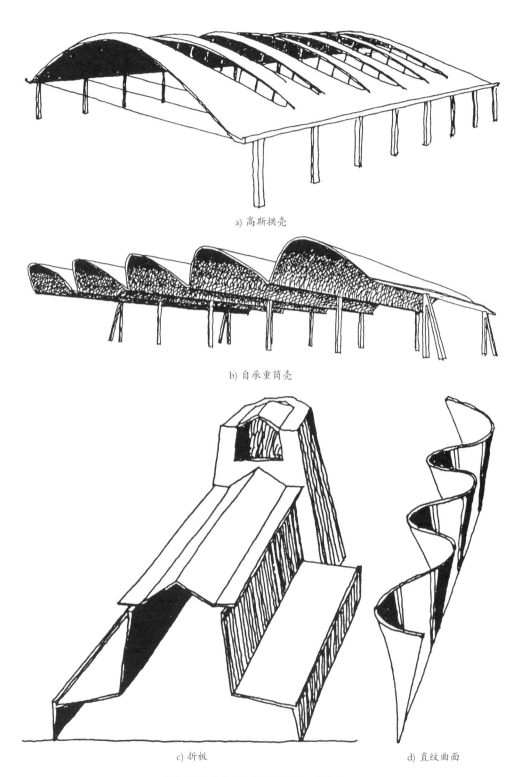

a) 高斯拱壳

b) 自承重筒壳

c) 折板

d) 直纹曲面

图83 迪埃斯特使用的四种主要结构形式

过迪埃斯特，然而你只需将基督圣工教堂、圣彼得教堂和特罗哈设计的砖结构教堂做比较，就会认可无论作为工程师还是建筑师，迪埃斯特都是不折不扣的天才。

在瓜斯塔维诺的时代，图解静力学是为拱顶找形并且确定应力分布最便捷的工具。当迪埃斯特开始他的事业之时，图解静力学的应用已经逐渐萎缩，部分原因是它难以处理新型的壳体结构，并且数值方法已经成为主流。19世纪末和20世纪初伟大的工程师们、建筑师们，包括瓜斯塔维诺、埃菲尔、高迪和马亚尔，都以图解静力学为计算工具，并且他们设计的结构都只受压应力的作用。在他们奠定的理论和经验基础上，迪埃斯特这一辈设计师们创造出了前所未有的独特结构。

图84 厂房室内，可以看到屋顶单元之间的天窗

TEM FACTORY TEM 工厂

蒙得维的亚 Montevideo

1960~1962年

建筑师：科勒克与盖拉事务所(Studio Clerk and Guerra)

筒壳与高斯拱壳(即双曲拱壳)，是迪埃斯特擅长的两种屋顶形式，这座厂房是后者的早期代表作之一。

从1955年起，迪埃斯特就开始建造拱壳单元的屋顶，并且利用单元之间的天窗为室内提供自然采光。但是那些屋顶的跨度都很有限，结构也比较笨重。TEM厂房的跨度达到42米，是迪埃斯特第一次利用高斯拱壳实现跨度惊人的大空间。

沿建筑的横向，壳体单元的剖面是悬链线。因此，静荷载产生的应力全都是压力。但是当跨度较大而矢高较小时，屋顶容易发生失稳而坍塌。沿建筑的纵向，壳体单元的

图85 双曲壳体屋顶全景

剖面呈S形的波浪状。只需增加很少的结构自重，就能显著地加强结构稳定性。壳体单元两端起拱的位置，保持一条水平线，便于结构支撑以及屋顶排水处理。

　　1975年，这座厂房遭遇了严重的火灾。可燃气体发生猛烈爆炸，产生可怕的高温。最终整个屋顶仅有两个壳体单元坍塌，连带造成了第三个单元局部掉落。屋顶结构的整体稳固性经受住了考验，迪埃斯特对此倍感自豪。

图86 沿建筑横向看到的室内

CITRICOS CAPUTTO FRUIT PACKING PLANT
卡普托柑橘包装工厂

萨尔托 (Salto)

1971~1972年、1986~1987年

覆盖这座工厂主要空间的屋顶，由一组S形的双曲拱壳单元构成，跨度约45米。建成后的照片显示，拱壳屋顶产生了独特的自然光效果。从纵横两个方向都可以感受到，柔和惬意的自然光既方便生产操作，也为整个大空间增添了活力。

工厂的主体建于20世纪70年代初。十多年后，经迪埃斯特之手加建了一座屋顶是连续双曲薄壳的冷藏库，以及一座显示他标志性设计语言的砖结构水塔。

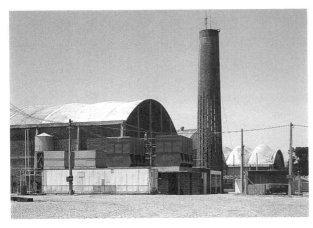

图87 建筑全景，远处可见S形拱壳单元的屋顶

图88 生产淡季时的工厂内景，天窗提供了舒适的自然光

图89 屋顶下连续的天窗光带

图90 拱壳细部

图91 拱壳与天窗的细部

图92 天光照射下，砖表面产生微妙的色彩与肌理变化

图93 从室内看到的自稳定筒壳。最右边是水平边梁和变截面的支柱，用以吸收水平推力。中间位置的筒壳产生的水平推力，由紧邻的其他筒壳单元吸收

LANAS TRINIDAD WOOL INDUSTRIAL COMPLEX
特立尼达羊毛纺织厂
特立尼达，(Trinidad)

1965年、1979年、1986~1987年、1988~1989年

建筑设计：罗里埃托与奎洛罗事务所(Lorieto and Queirolo)

这座工厂分为四个时间段建成。屋顶采用的自稳定筒壳，与1961年建成的迪埃斯特自宅类似。照片显示的是第三期的建成效果，每一个筒壳长约39.3米，宽约7.9米。两端无需梁或者承重山墙，筒壳自身能够保持稳定。对于这样大的空间跨度而言，整个结构异常轻巧。高低两组屋顶错开的位置设有天窗，为室内提供舒适的自然光。

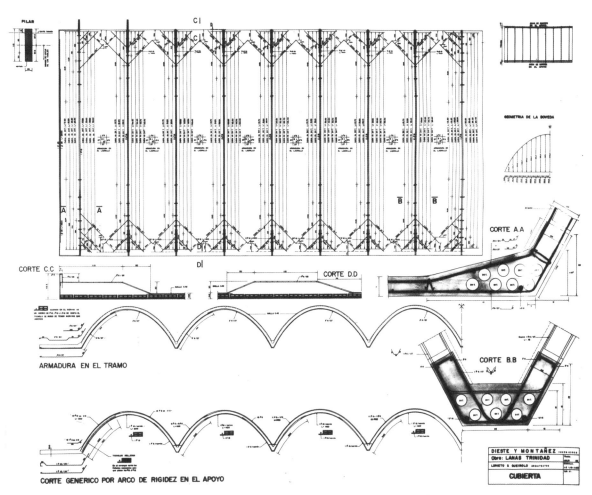

图94 八个筒壳单元组成的屋顶平面图(包含配筋)、横向剖面局部、边梁及单元交接处的细部

图95 公共汽车总站外景

MUNICIPAL BUS TERMINAL
市营公共汽车总站

萨尔托 (Salto)

1973~1974年

合作建筑师：奈斯特·梅纽蒂(Nestor Minutti)

这座建筑的屋顶，是一组比例修长的自稳定筒壳。仅有一排柱子支撑在筒壳的中间位置，两侧各悬挑约12米。这种悬挑屋顶下的开敞空间，非常适宜公共汽车总站的功能。

在建筑纵向的两端，迪埃斯特希望从屋顶下走过的人感受到空间的延续与渐变。因此他没有采用自己常用的也是结构最有效的变截面边梁，而是替换成一块折板。折板的竖直部分，由最外侧支柱上悬挑出的一根混凝土梁支撑。

图96 悬挑筒壳提供的遮蔽

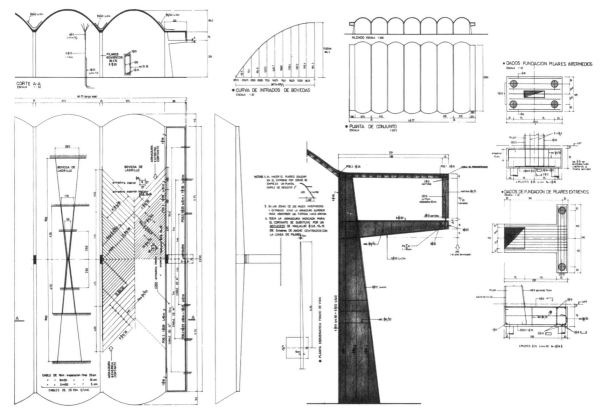

图97 平面局部、剖面及预应力钢筋配筋详图

图98 从南面看到的外景

图99 屋顶西端边梁的特殊处理

结构艺术家埃拉蒂奥·迪埃斯特

约翰·奥森多夫(John Ochsendorf)

　　结构设计的原则在于，以符合经济性的施工方式有效地利用材料。在效率和经济性之外，最杰出的工程师们的作品，总是具备典雅的视觉表现力。大卫·比灵顿[①]在他的著作《塔与桥》一书中，将那些工程领域的设计大师称作"结构艺术家"。他们通过富于效率、经济性和美感的建造过程，实现自己的艺术作品。

　　在最受人敬仰的结构艺术家行列里，有设计大跨度悬索桥的巨擘约翰·罗布林(John Roebling，1806~1869)、擅长典雅的铸铁结构的古斯塔夫·埃菲尔(Gustave Eiffel，1832~1923)，还有钢筋混凝土结构的先驱之一罗伯特·马亚尔(Robert Millart，1872~1940)。与同时代的竞争者相比，他们创造的结构施工成本要低得多。作为探路者，他们以最节省的材料创造了前所未有的结构，另一方面，他们非常重视自己作品的美感，以清晰的结构形式作为美的原则。建造成本的制约，促使他们探索新的可能性。作为艺术家，他们审视自己的作品，精益求精，直到形成各自独特的风格。

　　只有透彻地了解建造的过程，设计师才能创造结构的艺术品。罗布林、埃菲尔与马亚尔都拥有自己的建造公司，并且经常在现场查看施工过程。多年积累的丰厚的现场经验，使他们可以掌控整个施工过程，根据项目的具体条件选择适宜的建造方式，最终以较低的成本实现自己设计的结构。他们各自集中精力于某一种建筑材料，借助新的设计和建造方法，赋予材料新的结构能力和形式表现力。对于结构艺术家而言，设计和建造这两个过程永远是紧密相扣的。

　　许多杰出的结构艺术家，都是在主流视野之外开始自己的事业。罗布林起步于美国相对落后的中西部地区，埃菲尔是在法国农村地区，马亚尔是在瑞士的偏远地区。他们的作品最初是以新奇而引人注目，并没有在美学方面获得认可。在这些大师的有生之年，并没有享受到艺术方面的广泛赞誉。为了挑战设计和建造的极限，结构艺术家通常是在成规定式之外孤军奋战。

　　在伟大的结构艺术家的名人堂里，埃拉蒂奥·迪埃斯特也占有一席之地。正如罗布林精湛地驾驭钢索、埃菲尔擅长利用铸铁、马亚尔的利器是钢筋混凝土一样，迪埃斯特是利用配筋砖结构的大师。他实现了具备效率、经济性和典雅美感的结构艺术。和那几位前辈一样，他也拥有自己的建造公司，主要依靠降低施工成本而赢得项目。他丰富的技术知识和实践经验，把配筋砖结构提升到一

[①] 大卫·比灵顿(David Billington，1927~　)，普林斯顿大学结构与环境工程系教授。

个新的高度。与罗布林、埃菲尔与马亚尔类似，直到他的晚年，评论界才开始对他的作品给予美学方面的认可。

迪埃斯特设计的结构艺术，同时考虑到结构角度的合理、效率、成本方面的经济性和空间利用的经济性，以及美学价值。对我而言，这是一种最全面的综合，涵盖了所有关键性的因素。

他对于自己的设计异常挑剔。结构的真实性，是他的美学价值观的基础。他的目标是实现"体现于结构形式之中的精神。这种精神的力量取决于形式是否成功。换句话讲，从结构的角度衡量，这种形式是否合乎规律地承担荷载"。与所有那些最出色的结构工程师一样，他寻求以优雅的形式来表达结构的功能。接下来我们将梳理迪埃斯特的事业发展历程，把他的作品与其他结构艺术家的作品进行比较，希望这位被低估的大师获得在工程史上应有的地位。

配筋砖薄壳的发展过程

迪埃斯特的成功，建立在配筋砖结构体系之上。因此，我们有必要先追溯这种结构体系的源流。

从19世纪起，建筑师与结构工程师们开始试验以配筋砖作为一种建筑材料。19世纪初期，生于法国的工程师马可·布鲁奈尔(Marc Isambrad Brunel，1769~1849)，曾在英格兰使用配筋砖结构。19世纪末，法国建筑师鲍多特(Joseph Eugene Anatole de Baudot，1834~1915)，曾致力于配筋砖结构的推广。

20世纪，开始出现轻质的配筋砖结构薄壳。它来源于地中海地区一种常用的建筑方式——"鼓形拱"。1881年，拉斐尔·瓜斯塔诺从他的家乡西班牙加泰罗尼亚移民来到美国。他在新大陆推广加泰罗尼亚传统的"鼓形拱"技术，获得极大的成功。进入20世纪，他的儿子小拉斐尔·瓜斯塔维诺(1872~1950)继续建造拱顶的事业，并且首创了在砖砌的薄壳里加入钢筋。在1910年和1913年，小瓜斯塔维诺分别申请并获得了一项专利，成为未来数十年广泛应用的钢筋混凝土薄壳的发端(图100)。

20世纪中期，埃德瓦多·特罗哈在西班牙，迪埃斯特在乌拉圭，各自探索以配筋砖建造薄壳。瓜斯塔维诺的"鼓形拱"技术，对他们两位都产生了一定的影响。

作为薄壳结构西班牙学派的核心人物，特罗哈以形式新颖的钢筋混凝土结构著称。特罗哈非常明确地承认加泰罗尼亚式拱顶对他的影响。他曾这样写道：

"加泰罗尼亚的砖砌拱顶，就像当地田野里生长的角豆树一样，是散发着那里泥土气息的美丽景致。现代结构理论很难解释这种结构形式。那些理解这种独特的结构并且驾驭它的天才工匠们，已经成为历史，被掩埋于他们曾经用来烧制砖的泥土下面。"

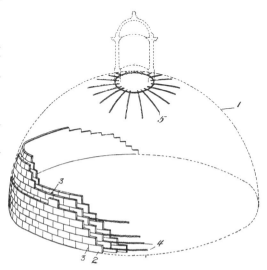

图100 小拉斐尔·瓜斯塔维诺1910年申请专利的配筋砌体。图中显示了在穹顶根部和顶部的配筋

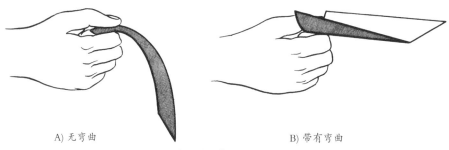

A) 无弯曲   B) 带有弯曲

图101 弯曲对于薄片结构的影响

艺术史学家乔治·科林斯(George R. Collins，1918~1993)在他撰写的关于瓜斯塔维诺的权威著作中指出，砖砌薄壳的稳固性取决于其几何形式和建造方式。具有起伏曲面的薄壳与平坦的薄壳相比，前者的结构承载力要大得多。我们可以通过简单的试验，比较一张纸在是否弯曲两种情况下的刚度(图101)。正如迪埃斯特所描述的那样：

"我们建造的结构是否稳固，取决于它的形式，而不是笨拙的堆砌构件。利用巧妙的形式来实现稳固，是最高贵也最优雅的手法，它完成了美学的最高使命。"

一张弯曲的纸具备更强的承载力，是因为它获得了合理的结构形式。

迪埃斯特了解加泰罗尼亚传统拱顶的途径，比特罗哈更曲折一些。就在特罗哈开始设计配筋砖壳体的同时期，柯布西耶(Le Corbusier, 1887—1965)和塞特(Josep L.Sert, 1902~1983)通过他们对高迪作品的了解，也开始对砌体拱顶发生兴趣。年轻的加泰罗尼亚建筑师安东尼·伯奈特，曾经在30年代与柯布西耶和塞特合作。他在西班牙内战期间移民来到阿根廷，并且把加泰罗尼亚传统的拱顶技术带到了那里。

1946年，伯奈特设计了毕林杰里住宅(图102)。正当他需要本地的工程师帮助设计住宅的拱形屋顶，他结识了年轻的结构工程师迪埃斯特。他们的合作促成了迪埃斯特第一次应用配筋砖结构。根据德国结构史学家乔斯·托姆罗(Jos Tomlow)的研究，迪埃斯特没有采用伯奈特提出的钢筋混凝土筒壳的结构方案，认为它的形式并不优美而且造价颇高。他建议采用铺瓦的木结构屋顶，但伯奈特不同意这个想法。于是迪埃斯特提出用砖砌拱顶，两人达成了一致。通过伯奈特的介绍，迪

图102 毕林杰里住宅

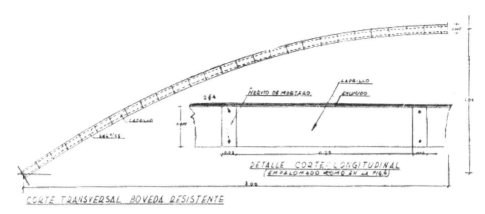

图103 迪埃斯特为毕林杰里住宅设计的拱形屋顶

埃斯特第一次接触到加泰罗尼亚的传统拱顶。

迪埃斯特在1947年发表的一篇文章中，描述了这个项目最终采用的配筋砖结构方案。他第一次尝试这种结构形式，就采用了悬链线。因此，在自重作用下的屋顶结构的内部应力全部是压力。建成后跨度6米的屋顶，结构厚度只是一块砖的厚度50毫米(图103)。与此相比，圆弧形状的筒壳需要的材料更多并且结构厚度更大，这自然不会被迪埃斯特接受。

值得注意的是，毕林杰里住宅的建成外观效果，并未充分体现屋顶结构的轻薄。伯奈特在屋顶结构外侧增加了保温层和另一层黏土瓦，建成的屋顶削弱了迪埃斯特优雅的结构设计。对于迪埃斯特而言，显露结构的轻巧是一项必须优先考虑的因素，这一点在他日后的绝大多数作品都有所体现。结构工程师迪埃斯特与建筑师伯奈特之间的审美差异造成，毕林杰里住宅是建筑的艺术，但算不上结构的艺术。迪埃斯特和其他结构艺术家一样，乐于将结构作为一个重要的美学要素加以显露，正如你在他自己住宅的北立面看到的砖拱那样。

毕林杰里住宅的屋顶，在南美地区首创了"砖砌筒壳"。从此，迪埃斯特开始大胆地采用这种技术建造尺度空前的结构。这座住宅的屋顶，被伯奈特称为"加泰罗尼亚拱的重生"，但是迪埃斯特的结构方案与传统的无配筋砖拱有显著的差异。他利用钢筋吸收薄壳中的拉应力，并不是像传统无配筋"鼓形拱"那样要求应力全部为压力。他的出发点与混凝土薄壳关系更为密切，而这是源自他所受的工程专业教育和最初的实践经验。

特罗哈在其职业生涯中曾多次使用这种结构，但是南美地区使用配筋砖的工程师却寥寥无几。迪埃斯特与特罗哈的理念惊人地相似：探寻以较低的成本实现优雅的结构形式。值得一提的是，特罗哈的职业生涯将要落幕之际，正是迪埃斯特登上舞台的时刻。

特罗哈与迪埃斯特：用于教堂设计的结构形式

虽然特罗哈以新颖大胆的钢筋混凝土结构而著称，他的作品中也不乏巧妙优雅的配筋砖结构。混凝土薄壳结构的施工，需要大范围地使用模板，费用可观。因此，特罗哈将配筋砖结构作为一种替代方案。他为比利牛斯山区一座小镇设计的教堂，利用了配筋砖结构的双曲拱壳(图104)。重复的曲面壳体单元，既是教堂的墙面也是屋顶。这座建筑与迪埃斯特的基督圣工教堂之间，存在显而易见的亲缘关系。非常有趣的是，特罗哈1952年初设计这座教堂时，他刚刚结束在南美洲的旅行回到西班牙，而他上一次试验配筋砖壳体结构已经是25年前的事了。

正当特罗哈设计这座教堂，迪埃斯特也开始构思基督圣工教堂。与特罗哈相似，结构的理性和建造的经济性是他探索新形式的依据。经过数年的推敲，基督圣工教堂于1960年建成(图105)。

图104 特罗哈的比利牛斯山区教堂(1955)

基督圣工教堂的配筋砖墙体施工，不需要借助模板。墙体依靠波浪式的起伏加强水平方向的刚度。直纹曲面墙体的顶部，是钢筋混凝土边梁，帮助屋顶的荷载传到墙体。屋顶也是一系列配筋砖的拱壳单元，内部埋有钢连杆吸收一部分水平推力。教堂横向剖面的形状，遵循在自重作用下门式刚架的力矩图，从而充分发挥材料的力学性能(图106)。这一独创的形式是纯粹基于结构的科学性，体现了结构艺术家的思考方式。

迪埃斯特与特罗哈各自设计的教堂，有许多相似之处。它们的建筑规模相仿，都采用配筋砖薄壳。它们的目标都是从结构形式入手，让偏远的村镇拥有一座成本低廉的教堂。两座教堂都利用曲面起伏来加强墙体刚度，从而减少材料用量。并且，两位工程师都设计了一座独立于主体之外的配筋砖钟塔。最后一点，两座教堂都采用了将玻璃嵌在砖墙里引进自然光的细部。

另一方面，两者也有显著差别。特罗哈的教堂墙体从两侧向中间聚拢，自然地形成屋顶；迪埃斯特的教堂墙体与屋顶则是截然分开。特罗哈的教堂施工完全不需要模板，而迪埃斯特的教堂屋顶施工需要模板。特罗哈在砖的外侧贴石材、内侧表面抹灰，遮盖了材料和结构特征，迪埃斯特则袒露砖的表面。总体而言，迪埃斯特受到更为严格的造价约束，其结果却是更为新颖的结构形式。

从结构的角度衡量，迪埃斯特的教堂优于特罗哈的教堂。前者成本更节省，用料更少，建成后的视觉效果也更强烈。更重要的是，迪埃斯特把墙体和屋顶的端面都暴露出来，展现了"薄膜"一样的砖砌体具有惊人的结构效率。刻意展示钢筋混凝土壳体的端面厚度，也是马亚尔、坎德拉和伊斯勒等结构大师都喜欢使用的手法。所以说，特罗哈的教堂仍缺乏结构表现力，它更像是一件稀罕的奇物而不是艺术品。

结构艺术家们总是尽可能清晰地表现结构元素的功能。我们不妨比较两座教堂的钟塔，特罗哈设计的钟塔根部收窄，但是这种处理并没有体现出塔身的承重特征。迪埃斯特利用塔身的砖柱表现了重

图105 迪埃斯特的基督圣工教堂(1958~1960)

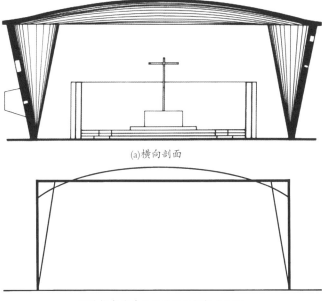

(a)横向剖面

(b)结构自重作用下的铰接钢架力矩图

图106 基督圣工教堂图纸

力荷载如何自上而下传导。他这样解释道:

"外观形式与建造过程之间保持一致,同样非常重要。例如,马尔多纳多电视塔和拉斯维加斯的水塔,塔身的孔洞规律地间隔错开。我们最初的想法要比这简单得多:孔洞组成一层层水平的'环'。我怀着疑问征询一位建筑师朋友的意见(我一直非常敬重他)。看完各种解决方案之后,他选择了'环',因为这是最简洁、也是最'理性'(他常用的形容词)的方案。而我经过大量推敲,认定这些'环'会把砖塔表面分割成许多部分,丧失结构整体的表现力。"

虽然砖塔镂空的两种方案用料基本一样多,迪埃斯特选择的方案却清晰地显露了力在结构内部流动的过程。这里,他使用了结构艺术家通用的语言。正如他自己所讲:"形式是一种语言,并且应当是一种我们可以读懂的语言。"

从他的职业生涯之初,迪埃斯特就显现出领悟结构形式的天赋,并且渴望清晰地表现这些形式。从基督圣工教堂开始,他不断地为配筋砖结构树立新的标杆。把迪埃斯特的作品与开创性的钢筋混凝土结构做比较,能够更深入地理解他作为结构艺术家的设计哲学。

通过介绍弗雷西内、马亚尔和伊斯勒设计的钢筋混凝土壳体,我们将更准确地评价迪埃斯特在结构发展史上的重要位置。

弗雷西内与迪埃斯特:薄壳与钢连杆

法国工程师尤金·弗雷西内(Eugene Freyssinet, 1879~1962),是另一位结构领域的大师。他形容自己和他的助手们是"全能的工匠"。他通过自己在工程领域的成就,推进社会改良。他的目标,是整个社会都关注"简洁的形式和具备经济性的方式"。

弗雷西内对于结构科学最突出的贡献，是他在20世纪上半叶提出并完善的预应力混凝土概念。他的两件早期作品体现了钢筋混凝土薄壳的巨大潜力。其中之一是位于法国奥利(Orly)的一对大型飞艇库，1921年落成伊始就蜚声世界。另一件名气稍逊的作品是1927年在巴黎郊区巴涅(Bagneux)建成的火车维修场(图107)。这两件作品都与日后迪埃斯特设计的壳体有某种相似。

火车维修场的屋顶，是由方格柱网支撑的单元阵列，形成开敞的空间。屋顶单元的形状，是倾斜的圆锥体表面的局部。每个单元屋顶下，设有钢连杆吸收曲面壳体产生的推力。站在屋顶下从一个方向看，屋顶似乎是由一系列透明的天窗组成；从相反方向，则只能看到坚实的壳体底面。逐个单元的施工方式，可以重复使用模板，有效降低了壳体的建造成本。

图107 弗雷西内的巴黎火车维修场(1927)

迪埃斯特的许多作品，与弗雷西内的火车维修场有类似之处。1972年建成的卡普托柑橘包装厂是一个典型例子(图108)。砖拱顶覆盖着跨度45米的大空间，屋顶下的钢连杆吸收拱顶产生的水平推力。壳体单元之间有玻璃天窗。壳体单元的波浪转起伏，加强了结构刚度。迪埃斯特将拱顶的横截面设计成悬链线，以用量最少的材料实现极大的空间跨度。

这两座屋顶结构的室外视觉效果，都不及其室内那样具有表现力。两者都采用重复的单元，便于重复使用模板，减低成本。它们的不同之处在于，弗雷西内采用的圆锥体表面只是一种典雅的几何形式，而迪埃斯特采用的悬链线是一种力学规律的体现。尽管如此，这两种结构单元实质上都是拱券而不能保持自稳定。也就是说，从结构角度看主要是二维而非三维的形状，因此不可避免地需要钢连杆来吸收拱顶所产生的推力。

与其他杰出的结构工程师一样，迪埃斯特总是尽量减少连杆和加强刚度所需的梁，这些构件会削弱薄壳结构的视觉表现力。事实上，卡普托柑橘包装厂每个屋顶单元下使用的钢连杆，少于弗雷西内的火车维修场。无论是弗雷西内还是迪埃斯特的作品，室内数量众多的钢连杆无疑是空间效果的一大瑕疵。迪埃斯特在他的后期作品中，如1983年建成的唐·博斯克学校体育馆，将连杆移到屋顶上方的室外，让这一视觉阻碍从室内消失。更加完美有机的结构整体，始终是迪埃斯特追求的目标。

马亚尔与迪埃斯特：作为悬挑梁的拱顶

20世纪30年代前后，弗雷西内致力于预应力混凝土的研究，而另一批工程师在此后的十年当中，继续发展钢筋混凝土薄壳结构。瑞士工程师马亚尔是其中的佼佼者。马亚尔是第一位以钢筋混凝土作为主要材料的结构艺术家，他设计的大桥，以结构合理且形态优美而著称。他的作品中，也包括一系列形式独特的钢筋混凝土屋顶。工程领域当时的权威们，往往贬低马亚尔背离常规的新颖设计，因为它无法用传统的方法加以分析，只能借助马亚尔本人的设计哲学来理解。马亚尔的经历，体现了结构艺术家遭遇的挑战。

马亚尔为1939年苏黎世举办的瑞士国家博览会设计了"水泥展厅"。它是一个形式纯粹基于结构原理的薄壳拱顶(图109)。吉迪翁[1]在《空间、时间与建筑》一书中写道："一个伟大的工程师，用他的双手把力量注入极致轻巧的形式，使这座展馆化为一件艺术品。"

这座结构完全显露的壳体，需要某些辅助构件才能保持稳定。两端的混凝土板吸收拱顶产生的

图108 迪埃斯特的卡普托柑橘包装厂(1971—1972)

① 吉迪翁(Sigfried Giedion，1888~1968)瑞士著名建筑理论家。

图109 施工中的瑞士苏黎世博览会水泥展厅(1939)

图110 迪埃斯特的马萨罗农产品仓库(1976～1980)

水平推力，中心位置的一条走廊充当结构连杆。拱顶的中部有肋板加强结构刚度。拱顶在纵向上相对于一个悬挑梁，由于矢高较大，足以抗拒弯曲应力。没有一个构件是结构上冗余的，结构整体异乎寻常的轻薄。时年67岁的马亚尔，以炉火纯青的技术完成了其辉煌事业的最后几件作品之一。博览会闭幕后，这座展厅被拆毁。然而，它已经随着吉迪翁那本理论巨作产生了深远的影响。

虽然迪埃斯特从未在其所写文章中提及苏黎世博览会的展厅，但是他很可能了解马亚尔的结构创新。迪埃斯特使用后张法预应力的悬挑筒壳，和马亚尔的展厅结构特征非常相近。从20世纪60年代开始，迪埃斯特设计了一系列以悬挑筒壳为屋顶的建筑，包括厂房、公共汽车总站和火车站。1980年建成的马萨罗农产品仓库，是这种优雅结构形式的一个典范(图110)。这座仓库北侧两端悬挑的筒壳，与马亚尔的水泥展厅在结构方面颇有共通之处。

与马亚尔的薄壳一样，迪埃斯特的结构既是薄壳也是悬挑梁。在筒壳的纵向边缘，有边梁吸收水平推力。他们都通过减少面积的方法来节省材料：马亚尔在混凝土板上挖出圆洞，迪埃斯特使边梁的截面从中心向悬挑两端逐渐减小。马亚尔的壳体横向剖面接近抛物线，而迪埃斯特采用悬链线。

虽然受力原理类似，但是他们的作品仍有显著的差异。迪埃斯特的配筋砖壳体，使用后张预应力技术，以相对较小的拱形矢高实现了16米的悬挑，并且壳体外表面不需要加肋。相比之下，马亚尔的壳体与迪埃斯特的壳体跨度相仿，但是矢高大得多，同时壳体外表面需要起结构作用的肋。马亚尔利用一条通廊，减小施加在柱子上的水平力，从而尽量缩减支撑壳体的柱子的尺寸。迪埃斯特需要柱子吸收水平力，因此柱子的尺寸相对较大，并且借助斜撑抵消一部分水平推力。壳体和柱子的连接略显突兀，可以说是迪埃斯特设计中的一个美学瑕疵。壳体与柱子各自具有重要的结构功能，但两者在视觉形象上结合得不够有机。马亚尔的水泥展厅，将壳体内复杂的力传递到基础上四个很小的支座，他设计的柱子与整体形式的结合更为有机。

虽然美学考虑对于最终的建成结构起到了至关重要的作用，但是马亚尔和迪埃斯特的思考从不违背工程师的技术理性。正如希门尼兹(Jimenez Torrecillas)所描述的那样："迪埃斯特的作品中只允许不可或缺的构件存在。"这一评价同样适用于马亚尔的作品，以及那些继承瑞士结构设计传统的杰出工程师们。他们从纯粹的结构需求出发，创造出优雅而新颖的形式。

伊斯勒与迪埃斯特：新的壳体形式

海因兹·伊斯勒(Heinz Isler，1926~2009)，继承了瑞士卓越的结构设计传统。他设计了20世纪后半叶最令人叹服的一些钢筋混凝土薄壳结构。他的结构找形工具，是悬吊的小型薄膜。薄膜受张力作用而形成的平滑的曲面，经上下翻转和放大，形成了内部应力全是压力的壳体结构。与其他杰出的结构艺术家们相仿，伊斯勒也拥有自己的设计事务所，并且与当地的一位施工承包商密切合作，实现经济可行的结构形式。他利用悬吊薄膜的模型发现，在成本允许的范围内，受压薄壳存在着无限的可能性。

1979年建成的瑞士海姆伯格(Heimberg)网球中心，是伊斯勒的代表作之一(图111)。这座钢筋混凝土屋顶，由四个相同的拱壳单元组成，每个单元的跨度为47米。拱壳的形状脱胎于悬吊薄膜的模型，因此拱壳在静荷载作用下的应力只有压力。通过试验，伊斯勒完善了拱壳的形状，利用壳体边缘的向上翻起来加强刚度，防止薄壳坍塌。正如比灵顿所评价的那样，这种结构并非"巴黎美术学院式的、不惜成本并且无视材料天性的高贵建筑空间，而是依靠较低的成本，仅仅以新的方式重新组织材料"。

迪埃斯特与伊斯勒解决问题的方式是类似的。比灵顿的评价也同样适用于迪埃斯特设计的薄壳。迪埃斯特设计的大型水平筒仓，与伊斯勒的作品有异曲同工之妙。迪埃斯特为农业公司CADYL设计的水平筒仓先于海姆伯格网球中心一年建成。这种配筋砖砌的大型薄壳，是迪埃斯特擅长的结构语言之一。为了使筒仓有足够大的覆盖面积，并且有效地抵消仓内堆积的谷物形成的水平推力，跨度28米的拱壳的横截面采用了悬链线(图112)。因此，与伊斯勒的壳体相同，它在自重作用下的内部应力只有压力。结构表面波浪状的起伏，加强刚度并且降低了材料用量。与伊斯勒相仿，迪埃斯特充分考虑到经济因素。逐个单元施工，重复使用可移动的模板。这个项目建成之后，迪埃斯特利用相同的形式设计了一批大型结构，

图111 伊斯勒的瑞士海姆伯格网球中心屋顶(1979)

图112 迪埃斯特的CADYL水平筒仓(1976~1978)

例如1997年建于新帕尔米拉、跨度44.5米的水平筒仓。

迪埃斯特的水平筒仓与伊斯勒的网球中心之间的主要区别，是它们需要应对的荷载不同。有趣的是他们两位如何针对荷载确定结构的形式。对于伊斯勒而言，最主要的荷载是竖向的重力；而对于迪埃斯特，最主要的应力是谷物形成的水平推力。伊斯勒的壳体跨度较大，但是竖向荷载的强度并不大。伊斯勒的壳体是源于悬吊薄膜试验的三维曲面，而迪埃斯特的悬链线是相对较为简单的二维拱形。伊斯勒的壳体在角部支撑，因此三维曲面更加合理；迪埃斯特的水平筒仓采用连续条形基础，适于二维的拱形单元。两种形式都遵循结构原理，它们的美学理念都是基于纯粹的结构需求。迪埃斯特在他所写的《建筑与建造》一文中，自称是这样一种工程师："当这个工程师建造仓库时，他同时也在创造建筑，尽管这并非他的主业。他具备一种形式的意识，而这种意识帮助他解决了纯粹结构领域的问题。"

砖结构拱顶的未来

迪埃斯特发现了新的方法，用来解决纯粹结构领域的问题。在此过程中，他形成了自己的美学理念和艺术风格。他认为，当代的结构工程师们忽视了砖的重要潜力。他配合砖的天性，为我们做出示范：如何以现代结构技术驾驭传统材料的巨大可能性。他的作品提出了一个问题：如今，砖具有怎样的结构价值？

迪埃斯特坚信砖具有其他材料所不及的优势。与钢筋混凝土比较，将砖用于薄壳结构具有以下四项优势：

其一，砖的密度小于混凝土，可以降低施工过程中承重结构所需的成本。

其二，对于砖砌的拱顶而言，主要的材料是早已硬化了的固体。干燥的砖吸收水分，加速砂浆固化。所以，砖比混凝土更易于塑造双向曲率的拱顶。

其三，砖的施工比混凝土施工耗费较少的水泥。

另一个迪埃斯特没有提及的优点是，如果壳体的形状设计合理，其内部的压力值应当小于砖或混凝土的强度极限。因此，砖是一种建造壳体的理想材料。

迪埃斯特为砖结构壳体提供了新的可能性，然而某些因素仍在继续阻碍这种材料的广泛利用。北美地区的建筑工业，缺乏砖结构施工的专家和实践经验，尤其在拱顶方面。更进一步讲，工程师们极少有机会接受砌体结构的培训，而规范化的计算方式也较为欠缺。大型建筑企业往往致力于具有普遍性的施工手段，对于依赖当地工匠技能的地方性技术不感兴趣。

迪埃斯特身体力行，应对以上这些矛盾。他指导和培训了一批砖结构施工的能手。他不受既定规章的限制，发展了一套自己的设计方法，确保砖结构薄壳的安全。他在实践中考虑项目当地的条件，并且参与设计和建造过程。有志于让砖涅槃重生的设计师，可以追随他的脚印，努力克服类似的困难。

关注环境的工程师

如果说迪埃斯特当之无愧地跻身于结构艺术家的史册，那么他同时也是未来结构工程师们的典范。结构艺术家们始终自视为社会的服务者，为社会创造既可行又美观的公共建筑。但是迪埃斯特把这一理想推到了新的高度。他认为，一件技术作品必须回答一系列问题：技术手段是否利用了当地的资源？是否合乎公平正义？是否敏感地关注生态环境？迪埃斯特的作品不仅具有优雅的结构形式，并且都充分考虑当地环境和居民的状况以及施工涉及的更广泛的社会因素。

当结构工程师和建筑师追求可持续的建筑技术时，结构的艺术能够提供宝贵的经验。最重要的是，工程技术不应当违背环境保护、有效利用自然资源的原则。可持续的建筑技术，需要利用当地的建筑方式和材料，而结构的艺术正是一种结合当地条件的建造。正如比灵顿总结的那样："这些设计的成败，取决于设计师在施工现场的第一手经验……结构的艺术并不存在国际式的普遍准则，它必须始终与当地的建筑实践紧密结合。"

迪埃斯特最后的作品是位于西班牙的一组建筑。它们验证了比灵顿的观点。20世纪90年代，一些西班牙建筑师引进他的建造方式，由于经验不足而导致了众多施工问题。缺少经验丰富者的现场监督，新颖的结构体系就会失败。与结构的艺术一样，只有当工程师和工匠们关注当地的条件，对于环境负责的结构设计才能获得最大的成功。

迪埃斯特的生平和作品，为设计师与教育者提供了三点重要的启迪：

首先，理解施工过程对于创造卓越的结构作品而言至关重要；所有的结构艺术家都既是设计师，同时也直接参与建造。

其次，把传统材料(例如砖)和高性能的工业化材料(例如钢)组合，将为结构技术提供新的可能性。尤其应当鼓励使用当地易得的材料。

最后，迪埃斯特的成功证明，好的设计必须适应项目的当地条件。

面对人口不断增长而自然资源日益减少的未来，设计师们应当从新的设计和建造方式中寻找灵感。关注环境的工程师必须和建筑师合作，以聪慧的设计应对严峻的环境问题。迪埃斯特直面未来的巨大挑战：以对环境和社会负责的态度，创造了具备效率、经济性和美学表现力的结构。他的人生经历与职业成就，为工程师和建筑师们树立了一个可贵的典范。

图113 "海鸥"在它最初建成的位置承担原先设计的功能。左面的悬挑结构也是迪埃斯特的作品

"SEAGULL" "海鸥"

萨尔托 (Salto)

1976年

这个仅有一根柱子支撑的砖结构罩棚,是迪埃斯特最著名也最令人叹服的作品之一。

虽然它是基于迪埃斯特的自稳定筒壳发展而来,但它并不是一个筒壳,而是两个相互平衡的翼状体。在两翼交汇的"谷底"有结构配筋,并且沿着翼状体的纵向施加预应力。其结果是整个罩棚的受力模式如同一根悬挑梁。

"海鸥"(它的昵称)优雅的形态,似乎有悖于结构设计的理性定式。然而,恰恰是这个由中心孤柱支撑的罩棚,最有效地为加油站遮阳避雨。

这个独特的小建筑,受到当地市民如此的喜爱,以至于1996年它面临被拆毁的危险之时,萨尔托的市长出面挽救了它。"海鸥"被移到城市的南面,成为萨尔托的迎宾地标以及迪埃斯特的纪念碑。市长的这一举措具有特殊的意义。因为除了蒙得维的亚,萨尔托是给予迪埃斯建筑项目委托最多的城市,而他也以自己某些最出色作品回馈了这座小城。

图114 "海鸥"被移到了新的位置，成为萨尔托市的迎宾地标。远景是迪埃斯特设计的一座工厂和水塔

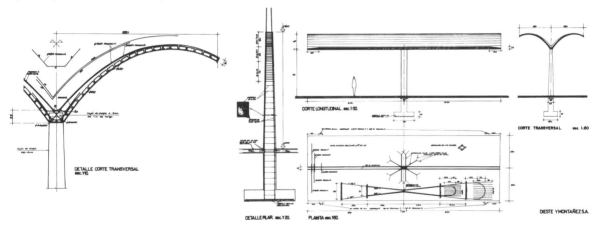

图115 "海鸥"的平面图、剖面图；值得注意的是图中的配筋以及预应力做法

图116 尺寸惊人的平面投影——宽5.4米，长16.8米

图117 筒仓外景

CADYL
HORIZONTAL SILO
水平筒仓

扬 Young

1976~1978年

水平筒仓在迪埃斯特的作品中占有相当的份额。其中第一座是1965年建成、位于蒙得维的亚的托马斯磷酸盐公司(Fosfato Thomas)的水平筒仓。而体量最大者是1996年建成、位于科洛尼亚省的筒仓。这些筒仓都是由一组连续的双曲薄壳单元构成。迪埃斯特认为，这类水平筒仓结构的关键因素，不是薄壳失稳和风荷载，而是仓内堆积的大量谷物产生的向外推力。通过结构计算，双曲拱壳的下半部分足以吸收这种推力。壳体自身产生的水平推力，由桩基础吸收。

这座筒仓跨度约33米，覆盖面积约3510平方米，可储存27000吨谷物。谷物从筒仓顶部通过机械方式注入仓内，从底部取出。

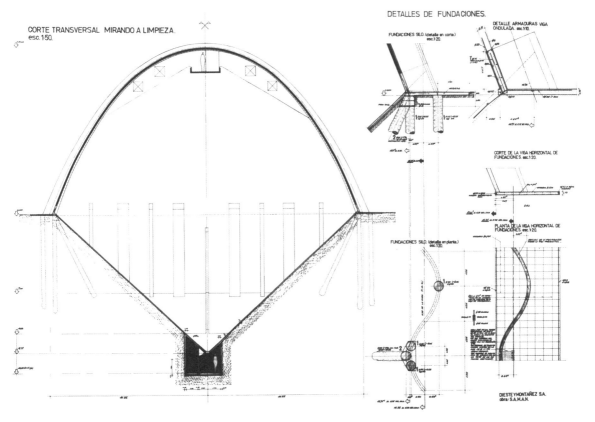

CORTE TRANSVERSAL MIRANDO A LIMPIEZA.
esc. 1:50.

DETALLES DE FUNDACIONES.

FUNDACIONES SILO. (detalle en corte.)
esc. 1:20.

DETALLE ARMADURAS VIGA ONDULADA. esc. 1:10.

CORTE DE LA VIGA HORIZONTAL DE FUNDACIONES. esc. 1:20.

FUNDACIONES SILO. (detalle en planta.)
esc. 1:20.

PLANTA DE LA VIGA HORIZONTAL DE FUNDACIONES. esc. 1:20.

DIESTE Y MONTAÑEZ S.A.
obra : S.A.M.A.N.

图118 横向剖面与基础详图

图119 施工中的筒仓。照片最左侧是一个已经完成的壳体单元，中间是一个砖结构已完工尚未水泥抹面的单元。当时，正在为下一个壳体施工重新放置巨大的可移动模板，模板表面细小的木杆用于砖和钢筋的精确定位

图120 混凝土基础、壳体与地面交接处的细部

113

地面已经平整完毕的筒仓内景

图122 从西北方向看到的建筑全景，旁边是迪埃斯特设计的水塔

MASSARO AGROINDUSTRIES
马萨罗农产品仓库

卡内洛内斯省，胡安尼科（Canelones，Joanico）

1976~1980年

凭借轻巧的结构与别致的空间，这座建筑成为迪埃斯特众多作品中最具表现力者之一。其主要操作区的面积约为8730平方米。屋顶包括两组跨度皆为12.6米但高度不同的自稳定筒壳。

北侧较高的五个筒壳覆盖着主要操作区，由四排柱子支撑，纵向柱网间距为34.5米。其南端向外悬挑16.2米。南侧较低的三个筒壳纵向长度为24.6米，仅由一排柱子支撑。这组筒壳一端的平面形状为外凸的圆弧，另一端为内凹的圆弧，因此柱子的支撑点偏离其边长的中点。两组筒壳交接处的平面投影重叠，但是在高度上错开一定距离，将自然光引入建筑内部。

与迪埃斯特的绝大多数作品一样，马萨罗农产品仓库的平面非常简单。它独特的魅力源自空间与光。屋顶惊人的悬挑尺寸、支撑屋顶的柱子数量之少以及屋顶的厚度之小，共同塑造了这座极具表现力的建筑。

图123 中间三跨筒壳下的空间与光影效果

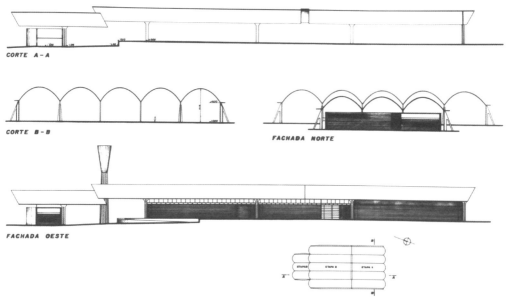

图124 主要工作区的纵向、横向剖面；北立面和西立面

图125 主要工作区的纵向、横向剖面；北立面和西立面

图126 从较高的筒壳下面看较低的一侧

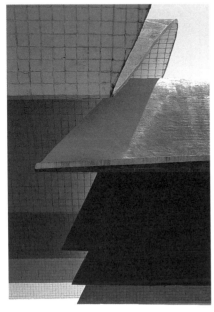

图127 高低两组筒壳重叠的效果

图128 筒壳的厚度之小令人惊叹

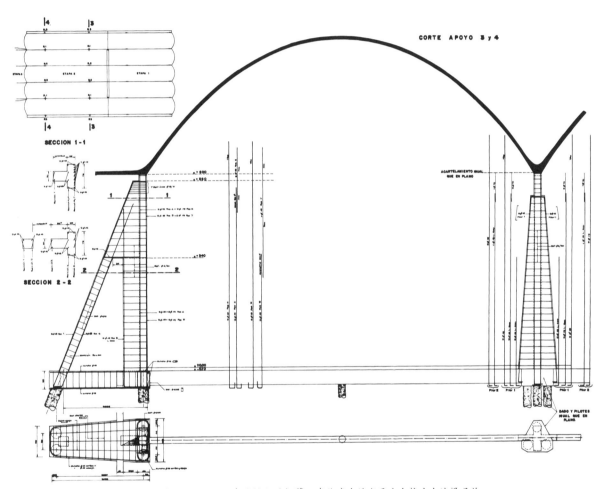

图129 横向剖面显示了壳休惊人的轻薄，壳体产生的水平方向推力由边梁吸收

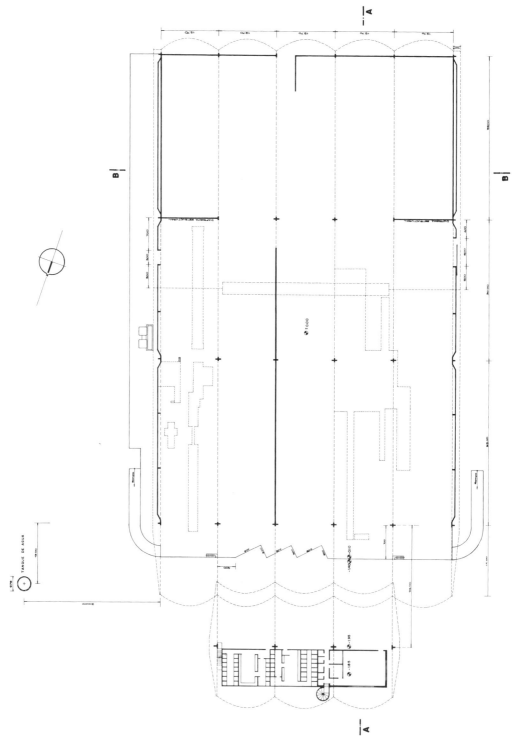

图130 建筑平面

图131 从筒壳下
面看到的边梁

图132 高低两组筒壳重叠的效果

图133 从西北方向看到的建筑全景

REFRESCOS DEL NORTE
城北食品加工厂

萨尔托 (Salto)

1977~1980年

合作建筑师：奈斯特·梅纽蒂(Nestor Minutti)

　　这座建筑采用与马萨罗农产品仓库类似的自稳定筒壳结构，区别在于其规模比后者小一些，并且不是四周开敞而是有封闭的围护墙体。它最初的功能是可乐罐装厂，除了生产区、卸货区，还设有办公区和服务公众参观者的接待区，因此比马萨罗农产品仓库具有更多建筑细节。

　　这座建筑最有趣的特征，是入口处的雨棚。它是由三根柱子支撑、两端悬挑的两个筒壳。

图134 建筑入口处的雨篷，是带边梁的两端悬挑筒壳

图135 卸货区上方的悬挑筒壳

图136 办公及接待区，可以看到收分变细的柱子与起吸收水平推力作用的边梁

图137 生产区室内

图138 位于二层的公共接待区。可以看到墙与筒壳屋顶完全分离，没有承重关系

图139 从南侧看到的港口仓库全景

PORT WAREHOUSE
港口仓库
蒙得维的亚 (Montevideo)

1977~1979年

蒙得维的亚港口的一座仓库因火灾而严重损毁。为重建这座仓库举行了设计竞赛，其默认的条件是拆掉灾后留存的部分，但是迪埃斯特的中标方案却对剩余的墙体加以利用，这既是出于美学和历史保护的考虑，同时也做到了物尽其用。

迪埃斯特设计的屋顶，由一组跨度49.2米的双曲拱壳单元构成。这是他利用高斯拱壳完成的最出色的作品。屋顶跨度如此之大，而壳体矢高仅有6.3米。因此，两侧墙体受到巨大的水平推力。墙体顶部有钢筋混凝土边梁吸收水平推力，每一壳体单元下方的钢连杆两端固定在边梁上。边梁向建筑内侧挑出，以消除遗留墙体的尺寸不匀，确保各个屋顶壳体的跨度相

128

同，同时便于壳体施工时模板沿墙体移动。其他改造措施还包括：遗留的墙体内部植入钢筋、墙体室外一侧砌了新的砖、两端山墙增加了抗风砖垛。

壳体单元的形状像一个横卧的"S"，在前后两个单元之间嵌有天窗。两端山墙上新月形的高窗，清晰地显示山墙与屋顶之间没有承重关系。从天窗射入的自然光，均匀地洒满整个建筑室内。

图140 在西端山墙处
看到的仓库室内

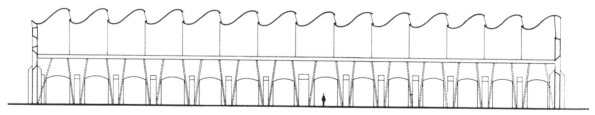

图141 中轴位置的纵向剖面

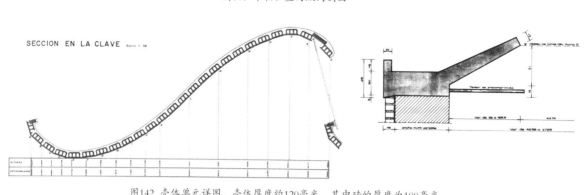

图142 壳体单元详图。壳体厚度约120毫米，其中砖的厚度为100毫米

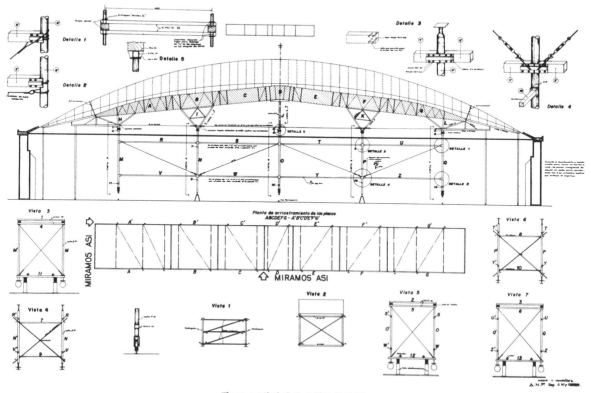

图143 可移动的施工模板设计图

图144 西端山墙。屋顶与山墙之间有一道很细的天窗

图145 自西向东看到的仓库室内

131

图140 自东向西看到的仓库室内，屋顶下是随重复的壳体单元产生的光举变化

图147 室内的西端山墙，显示如何利用遗留的砖垛

图148 室内的西端山墙，显示如何利用遗留的砖垛

图 149　由西向东看到的仓库室内

图150 从东北方向看到的建筑全景

TURLIT BUS TERMINAL
图雷特公共汽车总站

萨尔托 (Salto)

1980年

合作建筑师: 奈斯特・梅纽蒂(Nestor Minutti)

与同在萨尔托的市营公共汽车总站相比，这座私营的公共汽车总站用地条件受到更多限制。地段的前后两端有显著的高差，因此服务流线分布在上下两层。筒壳屋顶距离地势较高的后端地面，有大约一层的高度。总体的结构形式，仍是仅由一排柱子支撑、两端悬挑的筒壳。屋顶两侧边梁的平面呈三角状，两端截面最小而中间截面最大，符合筒壳产生的水平推力的强度分布。建筑最外侧的柱子，同样是上下两端截面最小而中间截面最大。夹层的楼板里埋设的连杆，帮助吸收屋顶产生的水平推力。

迪埃斯特原本希望以不同的结构细部，呼应最外侧柱子承受的竖直与水平方向应力。在最外

图151 深远的悬挑遮蔽着下面停放的公共汽车

图152 端部柱子与边梁的细部

侧的混凝土柱子与夹层楼板之间，他设计了一根小的方形钢梁。然而这一细节并未实现。施工中柱子的截面尺寸被随意扩大，本应袒露混凝土的位置覆盖了抹灰。尽管留有种种遗憾，这件作品依然很好地实现了使用功能，并且产生强烈的视觉效果。

埃拉蒂奥·迪埃斯特作品中的技术与创新

雷莫·派卓奇　冈萨罗·拉兰贝贝里 (Rem pedreschi and Gonzalo Larrambebere)

迪埃斯特的作品总是带给人惊奇。这些建筑似乎背离了实用和理性的建造过程。光、空间和材料之间的关系，令人难以琢磨。然而，迪埃斯特毕竟是一位工程师，奇妙的效果背后必然有科学规律的支撑。正是对于物理定律的透彻理解，使他能够创造这些新奇的空间。

在结构形式、材料利用和施工技术方面，迪埃斯特超越了自己的时代，领先于欧洲和美国的同行们。仅此一点，就足以确立他的学术地位。然而，促使他创新的动力远比纯粹的技术变革更加深刻。他思考的对象，是建筑和人性的方方面面。这些因素像一片片精美的拼图，天衣无缝地结合在一起，而技术仅仅是完成整幅拼图的关键一片。迪埃斯特利用天才的创造力，把凌乱的拼图重新拼装起来。

结构创新的实质

结构史的权威学者罗兰德·门斯通(Rowland Mainstone)写过一篇文章探讨结构创新的实质，题目为"直觉与结构创新的春天"。他总结了三种催生新的结构形式的直觉：

结构状态的直觉——对于空间的稳定性和结构的几何形状的意识，能够感受结构内部的受力关系和结构在物理层面的力量感。

结构行为的直觉——对于结构状态更加完善的认识。它是结构数学分析的基础，定量表述应力、力矩和应变等要素。

结构合理性的直觉——从经验和实践出发，某种类似经验论的结构观。

门斯通利用这些概念分析结构发展的历史。他的结论是，在系统的科学化之前，结构设计与施工主要依赖结构状态和结构合理性的直觉。从18世纪起，随着铸铁、钢和钢筋混凝土的演变，结构的类型和形式取得巨大的发展。结构行为的直觉，使计算成为结构设计的主导工具。

许多人认为当今的结构工程师们，变得专注于计算过程，忽视了结构状态的直觉。这种倾向，导致了混凝土壳体的新形式发展迟缓，因为工程师们不愿设计难以用确凿的数学计算描述的结构。门斯通描述的三种直觉，在迪埃斯特的作品中都有鲜明的体现，贯穿他的整个职业生涯。迪埃斯特使用悬链线作为壳体的剖面形式，体现了他对于结构状态的直觉。他的目标是基于结构原理的纯净形式："我们建造的结构是否稳固，取决于它的形式，而不是笨拙的堆砌构件。利用巧妙的形式来实现稳固，是最高贵也最优雅的手法，它完成了美学的最高使命。"当屋顶和墙需要形成折板时，迪埃斯特会顺应它们的要求。屋顶实现惊人的悬挑，是依赖它们的形式。欣赏迪埃斯特作品的乐趣，部分源自理解其清晰的结构关系。

唯有理性的数学分析，才能产生他的作品表现出的那种轻巧。在蒙得维的亚的共和国大学学习期间，迪埃斯特在数学上倾注了大量热情。他把数学当做认识物理世界的工具。如他自己所言："我痴迷于用物理和数学的语言读懂现实世界。"在整个职业生涯中，他坚持不懈地研究结构形式的状态，完善用于设计的计算方法。

许多被门斯通视为丰碑的伟大建筑，都是耗费大量人力物力的结果。而迪埃斯特的作品，全都受制于有限的资源。他的目标不仅是建造方式的经济性，还包括"普适的经济性"——某种与世界的深层秩序协调的东西。这种追求，促使他创造了一整套独特的建造技术和流程。除了结构状态的直觉，他还具有"建造的直觉"——了解某种形式如何产生并且表达其演变过程的能力。

发展建造的直觉(建造直觉的发展)

对于绝大多数建筑项目而言，存在着设计者与建造者的分离。门斯通的分析基本上聚焦于设计者。然而，迪埃斯特却身兼设计者与建造者的角色。他反对以最简单的方式处理问题，拒绝套用现有的做法(或者稍加调整)来解决貌似寻常的问题。他认为，每一个问题都应当在尊重其条件与背景下加以研究。"我相信，我们必须有针对性地思考每一个问题，时刻关注身边的条件与环境。"

迪埃斯特的做法，与许多发展中国家长期以来的策略截然相反。它们一味地模仿发达国家，输入的技术往往价格昂贵却和自己的需求不相匹配。这种行为，只会加强它们对于发达国家的依赖，从而维持它们与发达国家之间的差距。迪埃斯特怀疑，不计代价的经济发展是否总是能让社会受益。在他看来，经济发展与人的发展之间存在重要的差别。经济发展的驱动力常常是国家政府的统计数字(例如人均国民生产总值或者平均生活水平)，而不是人的价值实现。当年轻的迪埃斯特在北欧旅行时，他注意到那里经济发展的负面影响。在高度工业化的城市里，工人们忍受着生活的贫困和压抑。他们的生活品质，甚至不及南美地区的工人们。后者从表面上看更加贫穷，但至少可以享受干净的空气、新鲜的食物和开阔的空间。在迪埃斯特眼中，只有乌拉圭自身能够应对其发展过程中的社会与技术挑战，能够控制自身的发展。

迪埃斯特利用他卓越的智慧，为资源有限的乌拉圭探索一条适宜的道路。他根植于自己祖国的条件，创造出一种新颖独特的建造方式。通过对砖结构的重新认识，他发现这种材料具备现代建造要求的各种特征：准确、高效、预制、性能稳定以及易于分析计算。"建筑应当产生于真实的建造过程。在使用任何一种材料之前，必须尊重材料的天性和潜力。只有这样，我们的建筑才可能获得普适的经济性。"迪埃斯特的"普适的经济性"，超越了建造的直觉，体现了他对于人性的关怀、对于发展后果的思考。

结构形式的创新：自稳定筒壳

迪埃斯特第一次尝试砖壳体，是1946年设计比林杰里住宅的屋顶(图153)。作为西班牙建筑师安东尼·伯奈特的结构顾问，他建议屋顶采用跨度6米的砖砌薄壳，而不是原本设计的混凝土壳体。伯奈特并不了解砖壳结构，起初他以为迪埃斯特的方案是厚重的传统砖砌拱顶，他对此持否定态度。日后，迪埃斯特承认，他并不知道历史上已经有类似的砖壳结构(例如加泰罗尼亚式拱顶)，当时他仅仅是从结构的角度考虑，希望用砖替代混凝土。

图153 毕林杰里住宅

这个项目的成功，引发迪埃斯特进一步探索应用砖壳体的可能性。1956年，他与自己学生时代的好友蒙坦内兹合伙创办了事务所。以这个事务所为平台，他使砖的用途扩展到不仅仅是替代混凝土。他创造了一种结构形式，以悬链线为截面、无需山墙承重的自稳定筒壳。它不同于传统砌体结构，非常轻薄，也不需要墙体和扶壁承重，能够以最少的竖向支撑实现屋顶的结构稳定。

这种筒壳的几何形状，同时满足了建筑和结构方面的要求。横截面为悬链线，使壳体的厚度减少到最小，结构厚度一般只相当于一块砖或其他砌块加上一层薄的水泥砂浆的厚度。事实最好地呼应了迪埃斯特的建造的直觉。在实际应用中，砖与混凝土相比具有显著的优势：

砖的密度比混凝土小20%。对于拱顶而言，结构承受的荷载主要来自结构自重。密度小的材料会减小结构受力、模板以及钢筋用量。

砖结构施工中绝大部分材料是早已固化的砖块。砖吸收砂浆中的水分，使砂浆也很快固化，因此可以更为迅速地拆除模板。

砌砖比浇筑混凝土使用较少的水泥。乌拉圭的水泥依赖进口，砖结构可以降低施工成本。

砖的外观表现力，不会因老化而受损。

砖具备良好的热工性能，能够减少室内温度波动的幅度。

所有基于拱券的结构，都需要两端山墙处或者两侧的起拱处有受力构件，用来吸收水平推力。传统的拱形，在两侧起拱处有厚重的墙体、扶壁或者水平连杆。无论是从美学还是结构的角度，迪埃斯特都无法接受这些传统的处理手法。带有扶壁的承重墙增加了结构的体量，并且把拱顶与地面牢固地捆绑在一起。连杆可以代替扶壁，但是必然会破坏拱顶下方室内的视觉效果，正如特罗哈说过的那样："连杆总是很丑陋。"通过推敲筒壳的几何形状，迪埃斯特去除了承重墙、扶壁或者连杆，只在筒壳两侧设计了薄而宽的水平边梁(图154)。边梁从筒壳的长边向外挑出，通过钢筋把屋顶产生的水平推力传递到钢筋混凝土柱子上。预应力钢筋将吸收边梁内的弯曲拉应力。刚度很大的边梁，确保壳体保持有效的自稳定。

不再有端部山墙或者拱形肋的束缚，筒壳的两端得以彻底解放，极尽舒展地向前悬挑(图155)。尺

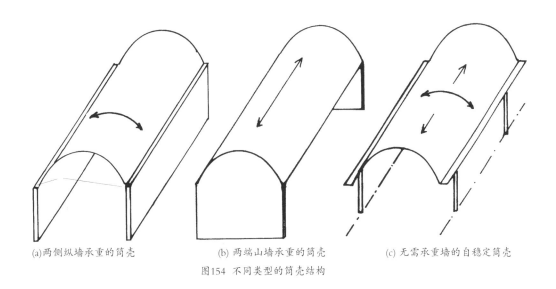

(a)两侧纵墙承重的筒壳   (b) 两端山墙承重的筒壳   (c) 无需承重墙的自稳定筒壳

图154 不同类型的筒壳结构

图155 萨尔托市营公共汽车总站

寸惊人的悬挑，赋予砖结构一种全新的姿态——轻盈。它破除了砖结构必然厚重的成见。迪埃斯特的创新主要得益于悬链线。其他几何形状的拱顶，例如椭圆、抛物线或者圆弧，都会在其自重作用下变形为悬链线(当曲线的矢高较小时，抛物线与悬链线形状非常接近)。如果要保持原有的形状，则需要端部山墙的约束。

迪埃斯特利用筒壳，实现尽可能大的跨度与尽可能少的支撑，从而减少柱子和基础的材料用量。这种结构形式塑造的建筑充满活力和结构表现力，同时节省材料。这正是他所追求的"普适的经济性"。

筒壳具有两方面结构特征：在横向剖面内，承受轴向压力；沿着纵向，它相当于一根梁，产生弯曲拉应力和弯曲压应力(图156)。砖是一种脆性材料，会在弯曲拉应力下开裂。使用预应力钢筋让壳体预先受压，可以抵消结构将产生的拉力，从而避免开裂。预应力钢筋的位置，取决于壳体内弯曲力矩的分布。在柱子之间，拉应力出现在壳体较低的部分；在柱子的范围之外，拉应力出现在壳体的顶部。

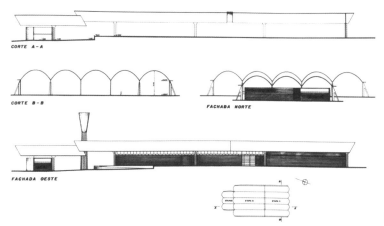

图156 马萨罗农产品仓库，剖面与立面

自稳定筒壳最成功的例子，是马萨罗农产品仓库(图157)。这座建筑实际上是由钢筋混凝土柱子支撑的一片巨大的罩棚，遮盖着侧面开敞的仓库。屋顶主体是五个长113米、跨度12.6米的筒壳。支撑筒壳的柱子纵向间距34.5米，筒壳两端各悬挑16.2米。其中一端与另一组较低的筒壳的悬挑部分重叠，产生强烈的空间并置效果。

这个项目的地基土质很差，需要成本不菲的桩基础。因此，迪埃斯特尽可能地减少柱子的数量，以降低基础施工的费用。壳体屋顶的厚度为100毫米，其中包括75毫米厚的空心黏土砖和25毫米厚埋有钢筋的水泥砂浆(图158)。整个壳体的厚度均匀，在悬挑的端部显露结构极小的厚度。没有传统筒壳承重墙的束缚，纯净的曲面仿佛漂浮在半空。

迪埃斯特将他的自稳定壳体，用于多种功能的建筑：公共汽车站、仓库、工厂和商业中心。在绝大多数情况下，壳体屋顶看上去似乎脱离下面的支撑结构。如果建筑侧面有封闭的围护，外墙顶部会刻意地和屋顶下缘脱开一段距离，在两者之间的空隙里安装天窗。天窗总是尽量少地使用窗框，并且通常没有竖向窗梃，以免屋顶下的弧形窗框或者竖向窗梃，被误以为支撑屋顶的承重构件。筒壳屋顶悬挑出建筑外墙，清晰地显露结构形式与惊人的轻巧(图159)。

图157 马萨罗农产品仓库，悬挑的筒壳

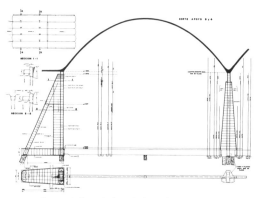

图158 马萨罗农产品仓库，横向剖面放大

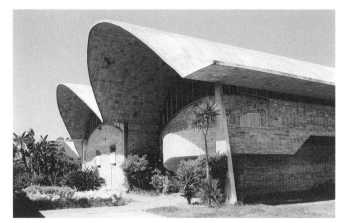

图159 萨尔托，城北食品加工厂的筒壳与窗子细部

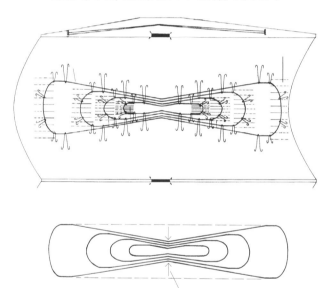

图160 马萨罗农产品仓库，筒壳内铺设的预应力钢筋

用于自稳定壳体的预应力施工方式，是迪埃斯特创新的一部分。壳体的轻巧依赖实用而又高效的施工方式。通常，预应力钢筋混凝土被视为比普通钢筋混凝土更复杂的技术。在购买专用施工设备困难的发展中国家，将相对复杂的技术用于粗糙、手工制造的材料，绝大多数注重"实际"的工程师都会不假思索地否定这种方案。如果能解决弯曲应力造成的施工困难，迪埃斯特就可以充分利用筒壳的横向剖面施展预应力技术。他有两种选择来应对脆性材料中的拉力：增加钢筋用量，或者在钢筋中施加预应力。

钢筋的作用，在于阻止拉力造成的材料开裂。增加无预应力的钢筋用量，势必增加壳体的厚度，同时增加壳体自重以及起拱位置的受力。其结果是，整个结构笨重低效，削弱形式的表现力。

预应力钢筋使结构受压，抵消不利的拉力，达到更合理的受力状态。它尊重而不是改变材料的固有特性。问题的关键，是如何施加预应力而不必借助于昂贵的专用设备。它应当既不增加壳体的厚度，也不会显著地改变施工过程。

常见的预应力施工，是将钢筋一端锚固，利用液压设备拉伸其另一端，使钢筋在凝固的混凝土中产生拉力。事实上，预应力技术已经有数千年历史。例如，将铁条加热后套在木质车轮上，冷却后紧紧地箍住车轮。迪埃斯特的预应力技术，也和这种古老的技术一样简单易行。为筒壳施加预应力的过程是：在抹外表面砂浆之前，把呈扁长环状的钢筋放置在砌好的砖壳顶部区域。环状钢筋的两端和预先埋设在壳体内的钢筋绑扎，两端之间的钢筋可以自由移动。收紧环状钢筋的中间部分，使之变成接近数字"8"的形状，再把两段钢筋在"8"字的腰部绑扎在一起。这样施加预应力所用的外力，小于沿钢筋轴向施加预应力所需要的拉力。需要的设备只是迪埃斯特自己设计的一种人力操作的螺旋千斤顶。环状钢筋的准确周长尺寸至关重要。预应力的大小，取决于环状钢筋中间部分两侧之间的距离。随着环状钢筋长度增加，这一距离也随之增加(图160)。

和通常的预应力技术相比，这种不合常规的施工方法有以下优势：

环状钢筋两端的半径较大，因此预应力的分布更为均匀，并且不需要昂贵的锚固设备；施加预应力的设备非常简单，可以对多根长度不同的钢筋一次性施加预应力；

环状钢筋的长度和宽度之间有简单的比例关系，便于核对钢筋被拉伸的长度；

因设备滑动和解锁造成的预应力损失更少。

这种施工方式不需要在壳体表面设置钢筋锚固构件，因此确保了壳体的厚度不会增加。1970年，著名的结构工程师奥韦·阿鲁普(Ove Arup, 1895—1988)在一篇文章中提出："使用环状钢筋，穿过结构表面预留的一个孔洞施加预应力，然后再填充孔洞。这样就无需锚固构件。"在阿鲁普提出这项建议之前，迪埃斯特已经成功地驾驭这项技术，并且验证了它的经济性。

在筒壳较低同时也是支撑的柱子之间的部分，弯曲拉应力出现在相邻两个壳体交接的"谷底"。此处的预应力施工方式稍有不同，但是同样的简便。在筒壳两端沿纵向分别布置一组环状钢筋。两组钢筋各自有一端与结构配筋固定，另一端在筒壳纵向的中点重叠。把一个汽车千斤顶改装成的装置，插入环状钢筋重叠的部分。施加预应力使钢筋受拉，环状钢筋两端之间的距离变大。当钢筋伸长的程度达到要求后，把预先计算好长度的钢块插入钢筋重叠处，移走千斤顶装置。钢块阻止钢筋收缩，从而保持预应力。操作完成之后，壳体表面再抹一层混凝土砂浆覆盖预应力钢筋。

结构形式的进一步发展：高斯拱壳

迪埃斯特的自稳定筒壳，是建立在传统结构形式基础上的再创造。从基本的自然规律出发，会有怎样的成果呢？通过对筒壳的研究，他得到一种最纯净的结构曲面形式——高斯拱壳，实现他的目标："稳固取决于形式。"

筒壳固有的缺陷限制了它的应用范围。筒壳的矢高比较大——通常是其跨度的四分之一。实际应用的跨度上限是15米。当跨度与矢高的比例为4:1时，砖之间的压应力非常小。随着跨度与矢高比值增大，筒壳的起拱变得更平，内部的压应力也随之增大。然而对于高斯拱壳，即使在其常用的跨度十倍于其矢高的情况下，压应力仍然很小。而内部的压应力很小，意味着理论上讲，当横截面为倒置的悬链线时，有可能实现比十倍矢高还要大得多的跨度。

由于结构的内部只有压应力，大跨度的拱壳在横截面内不需要预应力处理。但是如果跨度增大的同时拱壳厚度不随之增大，失稳就取代压坏而成为最首要的矛盾。即使结构内部的应力远远小于其自重产生的应力，也有可能使拱壳突然坍塌。

有多种方法可以避免拱壳失稳。例如，加大结构的厚度可以减小失稳的风险，但是会增加结构自重，同时加大拱壳最低点(即跨度两端)的水平推力，砖块之间的应力却并未减少。另一个方法是在拱壳最低点设置提高刚度的支撑肋。这种情况下，壳体的受力状态是弧形的板，其跨度是两组肋之间的距离。这种粗壮的肋牺牲了光滑的结构表面，也使拱壳变得厚重笨拙。

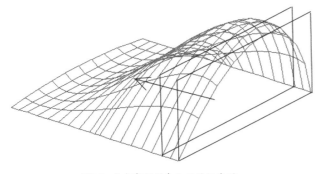

图161 生成高斯拱壳曲面的示意图

上面这两种方法都不是迪埃斯特的选择。为了避免失稳，需要加强拱壳上最容易发生失稳的区域——跨度中点的刚度。沿跨度方向对迪埃斯特的拱壳进行剖切，截面是一根悬链线。使剖切面垂直于跨度方向移动，悬链线就会生成筒壳。如果在剖切面移动的同时，悬链线的矢高随之逐渐变小，就会生成波浪状的曲面(图161)。它起伏的波峰出现在跨度的中点，而在跨度的两端曲面完全变平。中点的波浪形状加强刚度，避免结构失稳，而两端变平使壳体与两侧的墙体容易衔接。

高斯拱壳可以被视为一组夹在跨度两端的平行线之间、矢高连续渐变的悬链线。在沿跨度方向的剖切面内，屋顶结构只受轴向压力，其强度随着剖切面位置的改变而改变。轴向压力差产生的剪力，由砖之间的钢筋吸收。依据结构原理生成的几何形式，把最少的材料沿屋顶单元跨度和宽度方向均匀分布，实现了结构稳固。

如果依赖某些成熟的规则、常规的经验或者传统砌体结构的先例，迪埃斯特必然无法发现新的形式。他遵循门斯通所讲的"结构合理性的直觉"，最终发现了自然而然的美。他的思考和研究方式合乎理性的逻辑，引导他必然得出高斯拱壳这样的结果。与之相关的前提条件是：砖在乌拉圭是一种非常适宜的建筑材料、迪埃斯特了解悬链线的结构优势，并且他相信结构的表面可以塑造最典雅的形式。

迪埃斯特"像农夫使用拖拉机"那样，娴熟地驾驭高斯拱壳。他常用的设计手法是：由一组重复单元构成的波浪状屋顶。相邻单元边界处有新月形的天窗，屋顶内表面的反射，使射入的自然光变得更加。

波浪状的拱壳单元，是利用同一套模板砌筑。模板由可移动的钢制脚手架支撑。一个单元的砖砌完24小时后，就可以拆掉模板，在相邻下一个单元的位置组装。由于模板是工程总造价的一个主要部分，因此重复使用模板可以显著地降低造价。其他技术手段，如便捷和准确地升降和定位模板，提高了施工效率。

迄今为止，迪埃斯特以高斯拱壳建造的最大项目，是蒙得维的亚港口一个仓库的屋顶(建于1979年，图162)。"迪埃斯特和蒙坦内兹事务所"通过设计竞赛赢得该项目，重建这座在火灾中严重受损的仓库。其他竞赛方案的出发点都是将废墟拆毁重建，而迪埃斯特的方案却是保留和加固灾后遗留的承重墙，新建一个高斯拱壳形式的屋顶。整个屋顶由14个波浪状的单元组成，每一个单元的跨度为49.2米，宽度为5.6米，最大矢高为6.3米。拱壳结构的厚度约为120毫米，其中黏土空心砖厚度100毫米，余下约20毫米是屋顶外侧的砂浆抹面。屋顶由跨度两端的混凝土边梁支撑。通过调节边梁的宽度，确保屋顶单元的跨度严格地统一，可以利用一套模板顺序进行14个单元的施工。

边梁也为屋顶下的水平连杆提供锚固。由于火灾后遗留的墙体不足以抗拒拱壳产生的水平推力，因此在这个项目中，有必要采用这种妥协。为了保持原有墙体的特征，排除了大量增加扶壁的方案，而仅仅在遗留的墙体表面新砌了一层砖。

重建的两端山墙，刻意没有砌到拱壳屋顶的下缘。山墙的立面上，清晰地显露拱壳结构的厚度。屋顶和山墙之间通长的天窗，使人们一望而知，山墙对于屋顶没有结构支撑作用。

两端山墙上新月形的天窗，形状有明显的差异。这种处理，让我们领略了迪埃斯特如何把"建造的直觉"体现为准确和精密。沿着建筑的纵向，屋顶恰好由14个相同的单元组成(图163)，因此两端山墙分别对应第一个单元的"首"和最后一个单元的"尾"。这种设计从实用和建筑表现力方面都有其优势。从实用的角度，便于最便捷地重复利用模板，不需要为端部特意制作模板。从建筑表现力方面，两端天窗的不同形状，显示了曲面中矢高最大和最小的

图162 蒙得维的亚港口仓库

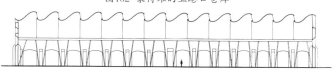

(a)建筑纵向剖面

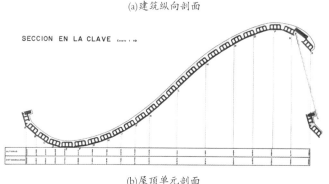

(b)屋顶单元剖面

图163 港口仓库

悬链线(图164)。从室内看，对比两端的天窗，可以理解悬链线如何生成拱壳单元。山墙的顶部并没有简单地以水平线结束，而是顽皮地模仿屋顶的弧线轮廓，进一步强化屋顶与山墙之间的结构脱离——同时也强化传统与现代建造方式之间的差异。

考虑到建筑规模和重建的条件限制，这座仓库不失为技术领域的一座高峰。使新建的屋顶和原有的墙体结合，这一点增加了建造的复杂度，却为使用预制模板砌筑的拱壳和传统砖墙创造了交汇的界面。这种思路，符合迪埃斯特的作品中反复出现的一个主题——尊重他人劳动成果中有价值的部分。

配筋砖结构的塔

迪埃斯特在结构创新方面的直觉，也表现在他设计的砖塔。和拱顶一样，塔也是一类具有悠久历史、兼具实用功能和象征意义的重要建筑。传统的砖塔依靠厚重的结构实现稳定。迪埃斯特设计的砖

图164 港口仓库室内，一端的山墙及天窗

塔自有一套独特的语言，使这种传统材料的姿态从厚重变为轻巧。

他设计的砖塔，绝大多数是工业或农业用途，例如水塔。水是农业经济的命脉，这些水塔从将要被水灌溉的土地上拔地而起，本身就有很强的象征意义。整个20世纪的工程界，建造了许许多多混凝土塔。它们的挑战主要来自经济适用的模板，以及在高空浇筑混凝土的有效技术。一些复杂的技术例如滑动模板和爬升模板，需要专门的厂家

和临时支护结构。迪埃斯特的砖塔施工却完全不需要模板。就像他创新的预应力技术一样，他建造砖塔的方式既简便易行又不乏优雅的姿态。

砖塔的塔身是略带收分的圆柱体，砖墙的厚度约为150～260毫米。由于形状存在收分，砖墙的施工过程不需要临时支持。工匠们只需按照内倾的圆柱体表面的放线砌砖。结构的主体，相当于一组竖向砖柱，间隔均匀的砖柱之间是位置错开的横向砖砌拉结，形成交错的竖向镂空。

这些竖向的镂空，是砖塔设计与施工的关键点。由于圆柱体略带收分，结构的平面周长逐渐缩小。迪埃斯特采用的方法，是调整竖向镂空的宽度而不改变砖柱的尺寸。砖柱的尺寸始终保持不变，避免了施工过程中切砖。并且，这些竖向镂空可以充当脚手架梁的支撑。随着塔身增高，脚手架梁非常方便地搭在竖向镂空里，工匠们砌砖时站立的平台随着脚手架抬升，不再需要大规模搭建脚手架。这些竖向镂空，还能够降低塔身承受的风压。它们的图案更加突出了塔身修长的比例和收分。

准确与精密

砖是在工匠们的手中历经千百年演变的产物。混凝土与钢的诞生和发展，源于专业工程师们的研究。然而，迪埃斯特似乎想要说明砖并非这些"现代材料"穷亲戚，砖同样具备准确与精密。在迪埃斯特手中，砖不仅作为工厂、仓库的建造材料体现纯粹理性的美，还能够胜任丰富的形式表现力。基督圣工教堂与圣彼得教堂，都是这种准确与精密的例证。

基督圣工教堂建于1958年至1960年。它活力四射的形式给予参观者的震撼，不亚于某些宏伟的大教堂(图165)。借助于细致、准确和精密的施工，他以日后使用这座教堂的穷苦农民们非常熟悉的简单材料——砖，塑造出通常由贵重的石材和石膏实现的效果。

我们在此只分析一个细节：屋顶与两侧墙体的交接。屋顶是一组连续起伏的高斯拱壳，直接搭在波浪状侧墙的顶部。屋顶与墙这两组曲面的交接处形成出檐，共同作用形成一个两铰刚架。建筑的横剖面，近似于这个刚架力矩图的形状。墙与屋顶的交接，最为清晰地体现了迪埃斯特的设计宗旨："稳

固取决于形式。"侧墙的起伏最向内的位置，恰好是屋顶起伏的波谷处。在屋顶的每一个波谷处，砖壳体内埋设一根水平连杆，拉结两侧墙体。边梁的平面与侧墙顶部的平面形状吻合，只是在连杆插入墙体的位置，边梁会加宽。如果不是查看图纸(图166)，你很容易忽略这个细节。这种有机的结构形式，就像包裹着骨骼生长的肌腱。此外，边梁的形状也和它的力矩图形状非常接近。

这座建筑的形式，并非单纯地产生于结构受力的几何表达。墙与屋顶交接处的细节，不仅显示了两个曲面复杂的搭接状况，并且也解决了两种施工方式交接造成的困难。侧墙是传统的砌砖，而屋顶是采用预制模板施工的壳体。两侧墙体长度均为31米，高6.9米。两侧墙体的尺寸和位置的准确度，直接影响到架设屋顶模板。为了确保屋顶模板的准确定位，两侧墙体的水平和竖向尺寸误差，必须控制在3～5毫米(图167)。整座建筑的施工贯彻了这样的准确度。墙体和屋顶简洁地搭接在一起，没有隐藏任何细节，更没有像许多建筑那样，不假思索地添置多余的檐口线脚(图168、图169)。

必要的精密，不同于技术至上者偏执的吹毛求疵。基督圣工教堂的成功，取决于它建造过程中必要的准确与精密。屋顶内表面的砖缝，织成一个三维线框模型。纯净的形体表面没有任何框架或者肋板的阻碍，创造了一种不断变化着的抽象美。建造的过程把当地村民们熟悉的材料发挥到近乎完美的境界，从中升华出和劳动者直接交流的精神力量。

谈到迪埃斯特作品中的准确与精密，很自然地会想到杜拉斯诺市的圣彼得教堂。有人认为，那是他所有作品中结构技术最复杂的一个。它的设计特征与施工方式，都迥然不同于基督圣工教堂，从某些方面讲，它在迪埃斯特所有的作品中独一无二。

图165 港口仓库室内，另一端的山墙及天窗

图166 基督圣工教堂室内

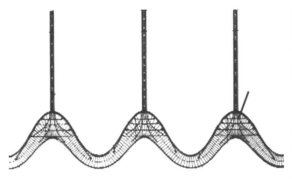

图167 基督圣工教堂平面的局部放大，显示波浪状的边梁与埋设在双曲壳体屋顶内的连杆

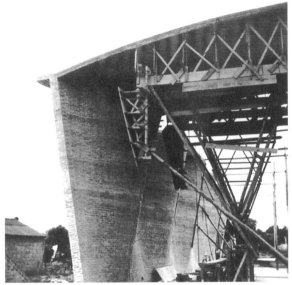

图168 施工中的基督圣工教堂屋顶

图169 基督圣工教堂室内，屋顶与侧墙的交接处

另一方面，它清晰无误地显露出与迪埃斯特其他作品保持一致的建筑哲学(图170)。基督圣工教堂的准确与精密，产生强烈的视觉效果；而圣彼得教堂的准确与精密，含而不露。你需要精心观察才能领略其中的奥妙。

在圣彼得教堂的室内，转折但是连续的结构表面创造出完整一体的空间感受。这一特征在主厅、侧厅交接处体现的尤为突出。略微内倾的主厅墙面、侧厅的顶板、侧厅的纵向与顶端的墙面，这四个不同的平面交汇在一个狭小的区域。它们当中任意两个之间的夹角，都不是直角(图171)。不同平面的交汇处，既没有切砖也没有使用定制的异形砖，砖缝的图案没有出现骤变。砖的砌法是竖向齐缝。从主厅墙面到侧厅的顶板，再到侧厅的纵向墙面，砖的竖缝完全对齐。侧厅顶端的墙面略微倾斜，以确保它和侧厅纵向墙面的交汇处全都是整砖。

与基督圣工教堂类似，不同构件的交汇处也是不同建造工艺之间的边界。例如，比较常见的砖墙、

图170 圣彼得教堂室内

图171 圣彼得教堂主厅与侧厅的交接处

带配筋的砖砌板和密布预应力钢筋的主厅墙面。每一项的施工方式和支护要求各不相同，而它们的搭接却是天衣无缝。这一切有赖于迪埃斯特对于施工技术炉火纯青的掌控、他和工匠们的密切合作，以及双方的相互尊重。维托里奥是与迪埃斯特长期合作的工匠。当有人夸赞他对那些细节的精妙处理时，他幽默地回答道："我别无选择。假如我出现失误，那将是要持续一百年的失误。"

这两座教堂承担着建筑和社会方面的双重责任——驳斥那种只为追求最低造价的虚假"理性"。正如迪埃斯特自己解释的那样："一个理性主义者在建筑领域的失败，并非是因为过度理性，而恰恰是因为缺乏真正的理性。"

结构类型的演变与发展

一种成功的技术，必须具备持续发展的潜力。新的技术必须有能力超越初期单纯的新奇。虽然技术方面可行，但是配筋和预应力砖结构的尝试者仍然很少，因为更简便的技术可以完成相同的建筑项目。在五十年的建筑实践中，"迪埃斯特与蒙坦内兹事务所"设计并负责施工了面积超过600万平方米的建筑。与此同时，迪埃斯特将他的事务所当做一个流动的试验室，尝试和完善砖结构施工，在日益被混凝土与钢垄断的建筑领域，寻求一种可行的替代。

自稳定筒壳、高斯拱壳和镂空砖塔，是迪埃斯特使用的三种主要结构形式。他通过大量实践积累，不断扩大新技术的应用范围。以1947年建成的毕林杰里住宅为开端，自稳定筒壳经历了各种轨迹的演变。例如，由单排柱支撑的两端悬挑筒壳(萨尔托公共汽车总站，1974年建成)到令人称奇的加油站罩棚("海鸥"，1976年建成)。建筑规模方面，巴西的 CEASA市场面积达到近15万平方米(1973年建成)。Fagar可乐灌装厂(1992年建成)的筒壳屋顶体现出某种高科技风格，与工厂的清洁、高度自动化相匹配。

高斯拱壳也经历了类似的完善和演变过程。唐·博斯克学校的体育馆(1984年建成)，把结构连杆从室内移到屋顶以上。最显著的演变，或许是用于水平筒仓的高斯拱壳。筒仓的高斯拱壳矢高超过其跨度的一半，而其他高斯拱壳屋顶的矢高仅有跨度的1/10。由于拱壳的两端直接落地，水平推力直接传到地面以下的条形基础。在此，形式紧密地追随功能：拱壳横截面的形状模仿其内部存放的谷物堆成的形状。这一类结构可以实现令人惊叹的巨大空间。新帕尔米拉的谷仓(1997年建成)，横截面高近24米，跨度44.5米。由一组拱壳单元组成的谷仓，总长度达到139米。

马尔多纳多的电视信号转播塔(1986年建成)，标志着迪埃斯特的砖塔施工技术经历了一次飞跃。从之前的农业用途到电信用途，其象征意义显而易见。在距离大西洋海岸不远处，59米高的砖塔(不含6米高的混凝土天线支架)，基座处的直径仅有3.4米——其修长挺拔不逊于任何一座混凝土结构的塔。

蒙得维的亚的大型购物中心，建于1984年至1985年。与发达国家的这种大型购物中心一样，这个项目要求高水准的施工、严格地遵循功能策划与成本控制。它的结构包括自稳定筒壳、高斯拱壳和采用预应力技术的波浪状墙体、复杂的基础和内部的混凝土框架。在施工最紧张时，有350个"迪埃斯特与蒙坦内兹事务所"雇佣的工人同时在现场施工。这座面积约97000平方米的建筑，施工仅用了18个月。

无论从建筑的使用功能，还是建筑的面积规模、结构尺寸的角度衡量，迪埃斯特的技术都已经得到广泛地检验，符合现代施工的标准——成本较低、快速、重复的操作和能够一贯保持的高品质。

在英国和其他发达国家，配筋砌体结构仍然没有大范围地使用。20世纪60年代至90年代，利用预应力的配筋砖结构曾经是一个研究热点。某些大学和结构事务所开始研究或者设计这种砖结构。然而，进展颇为缓慢。著名的英国结构工程师詹姆斯·萨瑟兰(James Sutherland)曾在结构工程师协会上宣读一篇论文。他暗示，配筋砖结构之所以没有得到充分利用，是因为工程师们刻意回避。"有一个理由，经常被用来解释为什么在英国很少有人使用配筋砖结构，那就是缺少适宜的规范。事实果真如此的话，它令人遗憾地证明我们这些工程师失去了独立行动的能力。"

美国砌体结构方面的专家克雷福德·格林(Clayford Grimm)也表达过近似的观点。他认为，配筋砖结构的发展受到诸多人为因素的限制。相关的研究与实践零星松散，难以形成体系，引入规范标准的努力更是重重受阻。配筋砖结构被贴上了一个标签，它被视为钢筋混凝土的一种劣质替代品，因此只应在个别的特殊情况下使用。

在配筋砖结构取得有限成功的范例当中，英国结构工程师威廉·克丁(William Curtin)首创的后张法预应力挡土墙引人注目。这些挡土墙高度约7.8～9米，多用于体育馆和大讲堂等建筑，依靠竖向的预应力吸收风荷载。一组竖向钢筋从砖墙内的孔洞穿过，其两端分别固定在砖墙顶部的梁和底部的基础。使用力矩扳手拉伸这些钢筋，造成砖墙内预先产生压力。这种压力的强度相对较小，因此施加预应力的措施比常规的要简单许多。这项技术被英国结构理论界称为"砖结构的一次突破"、"革命性地赋予砖结构新的活力"。

然而，与迪埃斯特的作品相比，克丁设计的挡土墙只是浅尝辄止。后者对预应力的利用，仅限于吸收间或发生的风荷载，而前者则需要抗拒强大而持续的弯曲应力，例如悬挑达16米的砖壳体内的应力。克丁设计的挡土墙横截面是矩形，并且沿高度方向没有变化。与之形成对比的是迪埃斯特设计的曲面砖墙。例如位于西班牙的"阿维拉的圣胡安教堂"，曲面的砖墙高11米，高度超过了克丁设计的绝大多数挡土墙。在配筋砌体结构领域，迪埃斯特的创新与其他人的成果有非常显著的差异。这种差异源自迪埃斯特一贯蔑视广为接受的成规定式，并且随时准备抛弃它们，因为正是它们限制了人们思考的深度和观察的视野。

凭借它的经济性、实用性以及独特的美，迪埃斯特建立的技术体系已经在南美洲广泛应用，近年来也开始在欧洲(尤其在西班牙)有用武之地。在迪埃斯特手中，砖可以满足现代结构材料的所有性能要求。然而，它的能力还不止于此。迪埃斯特的作品打破了建筑与结构之间的界限——对他而言，这条界限原本就不存在。他从不会将艺术、人性与实际工程割裂。它们两者中任何一个缺失，就意味着失败。他认为，建筑是人性化的社会不可或缺的要素。"建筑就是塑造空间——它与人类生活的基本要素关联，深刻地影响着人们的幸福。"

迪埃斯特的作品显露出一种真诚。他把自己的社会、文化、美学方面的经验与内心情感，全部倾注于作品。他的创新绝不是为了技术而提高技术。材料和形式的真实性、创造力和社会责任，共同汇成他创新的动力。迪埃斯特毕生都在探寻他所说的"普适的经济性"，一种与世界深层秩序协调的东西。通过自己的作品，他实现了这一目标。

图172 水塔全景

WATER TOWER
水 塔

拉斯维加斯 (Las Vegas)

1966年

为基督圣工教堂配建的15.6米高的钟塔,是迪埃斯特设计的第一座砖塔。以它为原型,迪埃斯特为小镇拉斯维加斯设计了一座26.7米高的砖塔,这也是他设计的第一座水塔。

与基督圣工教堂钟塔相仿,这座水塔也是砖砌的镂空圆锥体,区别仅仅在于水塔顶部是容积约120立方米的密闭水箱。简洁的形状结合含蓄的收分,赋予水塔典雅的姿态。墙体镂空不仅减少结构的自重,还有另外一些优点:降低风荷载,以及在施工过程中为脚手架提供支撑。孔洞的尺寸随着塔身增高而缩小,因此塔身的直径逐渐减小,但是砖柱的尺寸始终保持一致。塔身的孔洞交错排列,意在强化表面的整体感,弱化一道道孤立的竖向条纹。

图173 水塔内部仰视

图174 水塔全景，它背后是食品加工厂

WATER TOWER
城北食品加工厂水塔

萨尔托 (Salto)

1979年

这座水塔与拉斯维加斯的水塔类似，只是水箱的形状改为一个倒置的圆锥体。塔身高约24米高，结构厚度仅有140毫米，而容积约50立方米的砖砌水箱的壁厚甚至更小。

从图纸可以看出，遍布整个塔身的水平方向和竖向配筋，产生出色的结构整体性，使其有效地抵御竖向荷载以及水平方向的风荷载。

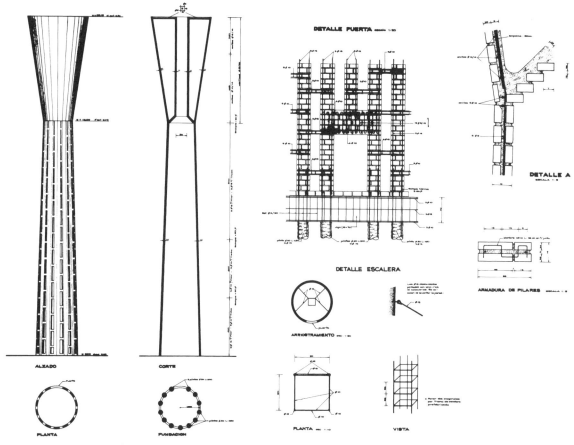

图175 平面、立面与剖面、配筋图以及门洞详图、水箱与塔身连接处详图

图176 施工过程照片。可以看到施工放线以及利用砖墙上的洞口支撑脚手架

图177 电视塔全景

TV COMMUNICATION TOWER
电视信号转播塔

马尔多纳多 (Maldonado)

1985~1986年

没有了沉重的水箱荷载，迪埃斯特为一家电视台设计的这座砖塔，得以充分展示修长的身姿比例。砖塔根部的直径约3.4米，高度达到59米(不计顶部6米高的混凝土支架)。

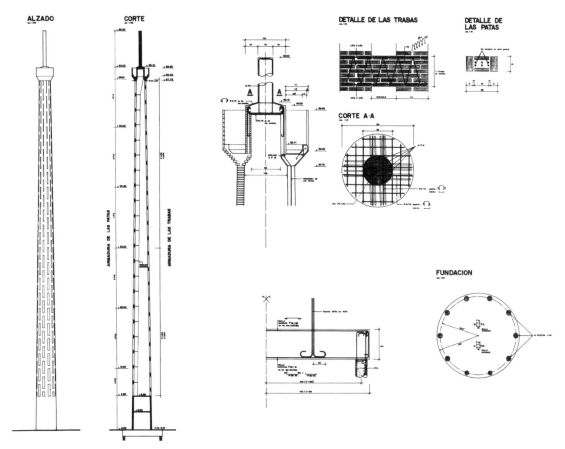

图178 平面、立面、剖面及详图

图179 在镂空的塔身中心仰视

图180 体育馆的街景

DON BOSCO SCHOOL GYMNASIUM
唐·博斯克学校体育馆

蒙得维的亚 (Montevideo)

1983~1984年

合作：埃斯特班·迪埃斯特(Esteban Dieste)

　　为了让这座体育馆的室内空间更加实用，支撑双曲拱壳单元的柱子向上伸出屋顶，吸收水平推力的钢连杆被置于屋顶以上，实现了彻底没有阻碍的室内空间。朝向城市街道的建筑立面、开敞通透的空间和从屋顶天窗射入的自然光，都为使用者提供了宜人的建筑体验。

图181 站在夹层回廊上看体育馆室内

图182 站在地板上看到的体育馆室内

图183 从屋顶上面看，两侧延伸上来的柱子之间有连杆

图184 双曲拱壳与天窗

图185 双曲拱壳与天窗细节，依稀可见室外的连杆

图186 蒙得维的亚购物中心沿街立面

MONTEVIDEO SHOPPING CENTER
蒙得维的亚购物中心

蒙得维的亚 (Montevideo)

1984~1985年、1988年

建筑师：戈麦斯·普拉泰罗——洛佩兹·瑞依
(Gomez Platero—Lopez Rey)

　　这座建筑面积约97000平方米的购物中心，位于一块坡地。因此，在坡地的高低两侧都设有建筑的入口。建筑的横向剖面显示，屋顶由三部分构成：一组跨度7.8米的双曲拱壳单元居中、左右两侧各有一个跨度15.6米的筒壳。这些双曲拱壳的跨度并无惊人之处，而且矢高较大以至于产生一种扭曲的形象。在此使用双曲拱壳，主要目的是利用拱壳单元之间的新月形天窗，为室内的中央长廊提供充足的自然光。两侧筒壳端部的山墙上，有弓形的高窗为购物大厅补充自然光照明。

　　建筑下半段波浪状的墙体，与基督圣工教堂的墙体类似。上半段墙体与下半段对称，直纹曲面在建筑顶部回归成一条直线，便于屋顶的筒壳起拱。在室外地面与挑出的屋顶之间，设有经预应力处理的钢连杆。屋顶壳体产生的向外的水平推力，由设在二层的连杆吸收。

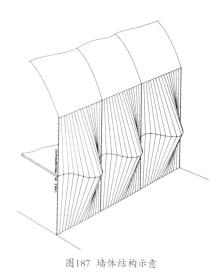

图187 墙体结构示意

图188 横向剖面

图189 西立面，可见屋顶的壳体

图190 北立面墙体上半段

图191 中央长廊

图192 北立面入口

图193 覆盖中央长廊的双曲抛物面

图194 从北侧看到的主筒仓

NAVIOS HORIZONTAL SILO
船运谷物的水平筒仓
科洛尼亚省，新帕尔米拉 (Nueva Palmira，Colonia)
1996~1997年

由内陆沿乌拉圭河运来的谷物，存放在一组体量巨大的筒仓里，等待装上远洋货轮。从1981年至1990年，"迪埃斯特与蒙塔内兹事务所"设计并且负责建造了三座筒壳形式的谷仓，每一座的建筑面积都是2610平方米。

1997年，在它们南侧建成了采用连续双曲拱壳单元的筒仓，这是迪埃斯特设计的水平筒仓当中最大的一座：跨度达44.5米，建筑面积6780平方米，可以容纳68000吨谷物。结构产生的巨大的水平推力，由埋在地下的条形基础吸收。筒仓两端弧形的山墙也是配筋砖结构。遵循着迪埃斯特的设计理念，他的助手冈萨罗·拉兰贝贝里负责具体的结构计算与施工监督。虽然这座建筑的结构概念非常简单，然而它巨大的尺度和别致的布局，流露着一种冷峻的诗意。

图195 主筒仓内陆一侧的端部

图196 主筒仓双曲壳体施工中的可移动模板

图197 施工过程中的主筒仓室内

图198 从东北方向看，前景为三个筒壳形式的谷仓，
后面是连续双曲壳体单元的主筒仓

图199 从主筒仓室内看入口处

图200 完工后的主筒仓室内

创造者的视野——向埃拉蒂奥·迪埃斯特致敬

卢西奥·卡塞雷斯(Lucio Caceres)

图201 迪埃斯特肖像照

　　埃拉蒂奥·迪埃斯特是一位专注于事物本质的人。他的生活和事业，都容不得琐碎的轶趣或者华丽的形容词。他属于这样一代人：他们崇尚对于自己和别人的责任，希望借此实现个人心灵与公众品德的升华。迪埃斯特是其中的代表人物之一。

　　迪埃斯特成长于一个来自西班牙的移民家庭。虽然物质条件并不殷实，但是知识、诗歌和宗教信仰被家庭成员们视为最宝贵的遗产。在这样的环境中，迪埃斯特很自然地成长为严于律己的苦行者。他的家人、朋友、同事和学生们，都敬仰(有些时候是容忍)其高尚人格。

　　命运赋予他非凡的头脑和英武的相貌，这或许验证了俗语所说的"一个人嘴的模样反映他的内心世界"。他接受的职业教育和自身天赋融合在一起，使他具备一种非凡的分析力，能够异常清晰简洁地剖析他所从事行业中的问题。他的直觉和创造力产生一种"规律"，如同艺术家在创作过程中感受到的那样。他能够看到这种规律在静止的建筑内部流动。

　　当迪埃斯特推荐我们读特罗哈写的《结构类型的原理》一书时，我们这些学生还过于年轻，难以理解他的良苦用心。在那本书里，特罗哈阐述了他对于建筑结构的哲学思考：

"每一种材料都有它自己显著和独特的个性，而每一种形状都对应一种受力状况。解决某一问题最理想也是最自然的方式，是一种不带刻意奇巧的艺术，并且同时满足技术和艺术方面的需求。

一座结构的诞生是一个创造的过程，它需要艺术与技术的融合，需要思考、钻研、想象力与敏感。它应当超越纯粹逻辑的掌控，进入一种灵感的秘境。在开始任何计算之前，应当先建立比任何计算更重要的整体构想，使材料处于理想的受力状态下，完成各自的使命。"

建筑或者工程的创造性的作品，都必须协调地兼顾多种因素：功能的实质或者使用目标、结构类型的选择、经济性、建造过程、形状与体量的美感。这些基本的要素，都体现在迪埃斯特设计的仓库、厂房的高斯拱壳屋顶、基督圣工教堂的直纹曲面墙体和圣彼得教堂的折板墙体。

在今天这个技术高度发达的时代，当人们被五花八门的器具所包围，每一种问题似乎都能轻而易举地解决时，大师留给我们的教诲显得尤为可贵。实用的解决方式总是既稳妥又廉价，但是它们往往以牺牲美作为代价。迪埃斯特从来不被世人公认的前提所束缚。我的意思是，绝大多数人将一系列人为的前提误当成真理，使之凌驾于真正的公理之上。你要么止步于欧几里得的几何体系，要么大胆地挑战它。你可以笃信托勒密的学说，也可以像哥白尼那样有所发现。在每一个领域都存在新的道路。在20世纪的建筑界，钢与混凝土的应用已经成为建筑结构的前提，它使得建造者们只认识平板的组合。当迪埃斯特发现可以用空间曲面建造壳体，并且发现砖是替代混凝土的理想材料时，他随即抛弃了平板式的建筑思维，也抛弃了世人公认的前提。

一面墙通常被理解成一个铅直的平面。然而，对于迪埃斯特和高迪而言，一面墙可以是一个直纹曲面。曲面自身的起伏产生稳定性，避免了薄的结构体常见的失稳。创新的道路就在眼前，只需我们做好出发的准备。

迪埃斯特重新发现砖的价值，并非出于怀旧之情，而是基于这种材料固有的长处——良好的抗压性能、操控的灵活性、价格低廉以及出色的保温性能。砖固有的形状，赋予它独特的结构功能。然而，这种功能已经无人问津。自从钢、铝和混凝土伴随着工业革命登上材料的舞台，工程师和建筑师们深深地被它们所吸引，把石材、木材这些历史上最尊贵的材料弃置一旁。另一方面，迪埃斯特并不回避科技进步，而是将先进的技术应用于自己的作品。

他以自己的灵感驾驭各种材料与形体，无论它是古老的还是新兴的、是乌拉圭本土的还是来自国外的。他都灵活地加以应用，因为他是一个掌握普适规律的创造者。通过有效的、基本的知识和结构原理，他获得了游刃有余的自由，又把这种自由最大限度地用于解决美学和结构问题。

来自各种资源的养分融汇在一起，塑造了作为一个普通人，同时也是一位结构大师和艺术家的迪埃斯特。每当思考或者体验他的作品时，我们都被他谱写的无声的音乐所感动。当我们面对未来开始设计或者建造时，我们将从他手中获得启示与自由。

建筑与建造

埃拉蒂奥·迪埃斯特(Eladio Dieste)

下面这些文字，算不上对这个艰深的题目全面的分析。我只是尽量把自己一些零星的思考组织起来。当这个工程师建造仓库时，他同时也在创造建筑，尽管这并非其主业。他具备一种形式的意识，而这种意识帮助他解决了纯粹结构领域的问题。

我的设计和建造生涯始于1942年。自那时起，我一直在思考为什么我们用这样的方式建造。我不仅思考我们所利用的种种技术的根源，还在思考我们的种种行为的基石——哲学，虽然当时还没有理出头绪。

在介绍我的思考之前，有必要总结一下工业革命以来建造方式的演变。我们惊奇地发现，伴随着工业革命，发生了与延续上千年的传统的毅然决裂。直到18世纪末，人们采用的建造方式仍是中世纪晚期和文艺复兴时期建造方式的自然延续或者渐变。在更为久远的罗马风时期和哥特时期，使用的是本质上相同的建筑工具。更重要的是，对于建造与建筑之间的关系怀有相同的理解。

当时代从18世纪迈入19世纪，铁作为一种建筑材料的应用逐渐成熟。首先是铸铁，其次是各种类型的钢。这种新材料迅速地普及，开始出现批量供应的钢构件，搭起建筑的结构。谈到这段建筑历史，一个不可回避的事实是建筑的结构开始被视作一具骨架，某种程度上独立于墙体。基于这种想法，建筑的功能与空间获得了前所未有的解放。

钢铁侵入建造技术的领域，并且迅速地掀起一场革命。巨变的原因并不是节省造价。包括这场建筑界的革命在内，一项新技术在应用之初很可能意味更高的造价。变革的根源在于，人类怀有利他主义的慧根，愿意为此付出自认为值得的艰辛。这实在是我们的幸运。

钢铁赋予人类机会，建造出从前的技术无法实现的结构。这些新技术很好地满足了工业时代人口密集的大城市对于建筑功能的需求：仓库、大型工厂和车站。19世纪建筑最典型的代表，就是巨大的铸铁结构建筑。

接下来，我将谈到这场革命产生的另一种后果。或许你认为它纯粹是结构领域的问题，然而，我认为这个问题就像平面布局从结构的束缚中解放出来一样，对于建筑整体的演变产生了深远的影响。

钢铁：平板在技术与理论领域的统治

预制钢铁构件的组装过程，自然而然地把一座建筑拆解成许多平板状的骨架单元，却不会遗漏需要考虑的因素。更大的妙处是，这些平板状的骨架单元可以计算得清清楚楚。甚至不需要借助于微妙的弹性理论和超静定理论，只利用伟大的静力学原理(它非常易于计算平板状的结构)和基本的材料性能，就可以确定每一部分结构的应力以及构件截面。这就是为什么我们要不辞辛劳地把一切都简化成平板，因为只有平板式的结构才能让工程师们轻松掌控。

平板在技术领域的统治地位，极大影响了后来建造方式的演变以及随之而来建筑形式的演变。凭借万无一失的理性克服矛盾，带给人们某种自信，并且在初始阶段令人产生一种内心愉悦。于是，人们满怀热情与勇气地探索利用铸铁的可能性。传统技术并不使用这样的分析，因此传统技术的成就具有一种不同于现代建筑的姿态。某些时候，它创造的完美境界甚至令人困惑不解。我曾经看到一篇文章对巴黎圣母院的扶壁进行力学分析，包括对重力、风荷载、雪荷载和温度产生的各种影响。在所有情况下，应力都被传递到扶壁结构的中心位置。因此，扶壁不需要任何多余的构件，就能保持受力平衡。

那些中世纪的建筑大师们，似乎掌握了七、八个世纪之后才形成数学公式的理论和施工方法。然而，精确并非无处不在。例如，古代的拱顶比静定结构所需的用料更多，自重也更大。然而，正是这个例子引导我们认识了历经千百年的修正和改进。如我前面提到的那样，突然之间，工程师们将建造的过程精准地控制于股掌之间，不再像前辈们一样经历试验和失误。新的计算方式取代了冗长且不精确的传统方式。工程师们对于这种万无一失表现出过度兴奋，除此之外，你无法解释为什么凝聚着丰厚智慧的传统建造经验居然被人遗弃。

传统的建造经验已经失去了创造伟大作品的活力，但它仍是许多实践可能性的完整汇总。有能力让它的价值继续发挥作用的人，却对此不感兴趣。以聪慧的头脑开创一套新的建造体系的人，并未充分利用传统的建造经验——例如埃菲尔就是这样。他不仅是杰出的工程师，也是艺术家。他设计的众多结构，尤其是桥梁，具有令人惊叹的美。

19世纪的铸铁建筑，基本上都是平板式的结构。直到今天，大多数建筑仍被设计成平板组合的框架。结构科学可以分析计算这样的建筑，它们几乎是我们的工程学院、建筑学院传授的唯一建筑类型。许多古代建筑，例如圣索菲亚大教堂和哥特时期的大教堂，都不是平板式的结构。只有从三维的角度，才能理解和分析它们的结构体系，这显然比分析平板体系困难许多。例如，哥特时期的大教堂，束拱相互支撑，其内部的应力集中在主厅内的柱子上。水平方向的推力，部分由飞扶壁吸收，部分由主厅两边侧厅的拱顶吸收，最终由墙体和飞扶壁传输到地面。即便是经验丰富的现代结构工程师，也很难想象这样一座建筑各个部分的应力分布情况。

平板式结构清晰的理性，产生了巨大的影响力，甚至也影响了建筑构图的形式美学。成熟的施工技术使平板成为建造者普遍的选择，清晰的理性赋予平板一种独特的表现力——恰好被正在寻找形式根基的现代建筑运动发现。在柯布西耶、格罗皮乌斯和密斯的作品中，这种平板组成的建筑激荡着宗教一般的热情。

当今的建筑师们，依然感觉平板是更容易操作的对象。即便某些时候它们并非最适宜的形式，建筑师们还是自然而然地用几个平板来围合空间。例如，我们都曾经见识过某些建筑师在结构方面费尽九牛二虎之力，只为了让屋顶保持一个平板的模样。

事实上，将平板式的建筑画成图纸要容易得多，而这一点造成了严重的后果。我记得，当我对于高迪仍一无所知，是画家托雷斯·加西亚热情地向我介绍了他那些伟大的作品。我曾经请一位朋友评价高迪的作品。他回答说，他对高迪毫无兴趣："高迪的作品与我们无关。"他还补充道，"我可搞不懂如何画出高迪的那种建筑。没有平面、立面和剖面，我们怎么盖一栋房子？"这完全是未经思考的妄断。建筑的本质是它实在的结构，而不是那些图纸。假如我们有充分的理由支撑一个好的想法，而图纸无法表达它，那么我们舍弃的不应当是想法。

古代所有伟大建筑的建造过程，都是依靠极其简要的图纸。那时候，组织建造的过程与今天大不相同。我的亲身经历证实了，借助想象力来处理无法用图纸清晰表达的东西是何等困难。然而，在许多情况下，最终的成果值得作出这种努力。例如，双曲拱壳的屋顶就很难用图纸表达清楚，然而实际的建造过程却是既容易掌握也很经济节省。你要做的第一步就是画出图纸，这就是目前建筑界的共识。我们思考的对象是图纸，而不是结构本身。更准确地说，我们必须借助图纸才能思考结构。

我们采用的施工方式和我们所受的教育，目的只是让一个项目完工，而不是创造一座建筑。人们总是乐于锦上添花，让已经占据优势的做法变得更加普遍。因此，我们需要不懈的努力，才能从塞特(Sert)所说的"绘图板的暴政"下解放出来。

随着新技术的发展，形成了一种对待结构的新思路。那就是清晰、理性、快速的设计以及施工。它切断了过去千百年以来的传统，不再留出时间让新技术的特征逐步成熟。在某个街角看到像人的面孔那样鲜活有趣的建筑，这种在古老的城市里经常发生的事，如今已经非常稀罕。

任何一种进步，都潜伏着风险。我可以举一个当代人熟悉的例子。世界上几乎没有什么东西像计算机那样神奇。诸如微分方程的许多艰难的计算，可以借助于性能良好的计算机迎刃而解。然而，一台计算机无法自主地思考。本质上讲，它给予我们的反馈，绝不会多于我们输给它的信息。人的大脑仍将承担创造形式的责任。正是人的大脑创造了奇迹般的计算机，并将永远驾驭它。

当然，人与机器之间存在相互交流。但是危险之处在于，某些人可能陷入对机器的痴迷。他们往往了解一定的相关技术，但尚未彻底掌握如何使用机器。我曾经和麻省理工学院某个研究小组的负责人交谈。

他认为,完全可以放心地"让机器来做",不必对此疑惑担忧。遗憾的是,在他提出的十种解决问题的方案中,任何理解问题实质的人都会迅速地否定其中九种。

计算机产生的危险在于,人们在变得懒惰的同时习惯于大量机械的工作。这些工作的成果,只是让我们越来越远离现实世界。我们习惯让自己的想法变得简单贫乏,把它能塞进现有的模具,以便它"自己运行"。例如,很容易编制程序来计算最常见的四方形框架,但是如果为了空间更合理而采用梁柱合为一体的肋,问题就不那么简单了。

我并不是要幼稚武断地反对使用先进的工具,更不是现代版的"卢德分子"[①]。我只是嗅到了隐隐浮现的危险,我们驾驭这种先进技术的方式,会导致技术自身变得虚弱,同时人的能力不会增长而是退化。我非常担心,前人以更原始的方式实现的成就,经我们之手不但没有变得更加成熟和理性,反而因粗暴的简化而逐渐枯萎。

平板式结构的显著优势之一,是非常容易计算。然而从另一个角度看,这也是一个巨大的弱点。平板式的结构仅仅是一种最基本的结构形式,它可以实现某些结构,但是并不能理性地发挥材料的潜力。平板式结构的清晰性,使它丧失了另一些最为重要的能力。古罗马时代为第一个巴西利卡建造木屋架的人,已经了解这条基本的规律。后来,高超的技术和透彻的分析,产生了中世纪石砌的拱券和穹顶。面对某些结构和构图都是平板式的建筑,我们会本能地感受到一种"欠缺":它的设计和分析过程是不完整的,某些基本的要素最终仍处于未完成的状态。

混凝土:拱顶结构、计算、模型与想象力

19世纪后半叶,钢筋混凝土的发明标志了技术革命仍在继续。钢筋混凝土从默默无闻的小角色,迅速地变身为当今最至关重要的建造技术。这一发明,引发了材料决定结构形式的革命,造就了更为理性也更富于表现力的体型。

在最初的应用中,钢筋混凝土结构被分解成一些平板状的元素:楼板、梁、拱券和柱子。某些情况下,这种分解是理性并且合乎逻辑的,例如夹层。然而,也有明显违背常识的情况,例如在双坡屋顶的屋脊处设梁,或者在两个筒壳的交接处设拱券。慢慢地,人们意识到这样并非对钢筋混凝土最合理的应用。屋脊处的梁毫无道理,因为两块楼板相互加强刚度,而拱券的应力是沿着筒壳的交接处分布。我还记得,摆脱学校灌输给自己的传统结构理念是多么困难。并且,每当我提出某种不寻常的结构方案时,必然引来许多质疑的目光。我总是不停地忙于解释如何计算它。因为对于某些工程师而言,构想某个东西就等同于知道如何计算它。

某些时候,当我对后辈们讲,对于结构表面的研究仍然很不充分。我从他们眼光中看到明显的困惑——为什么?坦率的答案就是,如果不依赖已知的种种解决方法,你很难就拱顶结构发表意见。

[①] "卢德分子"(Luddite),指19世纪初英国出现的一批工人,故意破坏纺织机械以免自己失业。

的确，当今的任何一种结构形式都可以被清晰明确地计算，与一位博学的专家讨论结构问题也并非难事。然而，我们却发现简单的分析很难破解那些最辉煌壮丽的建筑结构。在我们找到计算这些伟大结构的合理方法之前，必须先完成大量的简单分析。

绝大多数有关这些伟大结构的著作——尤其是其中最精彩的文字，都是建造者书写的。他们首先构想一种结构方案，再经过刚才描述的分析过程，然后利用试验来检测方案是否可行。结构完成之后，他们再用系统的理论总结分析和建造的过程。问题在于，我们能提出许多种构想，其中既合乎逻辑又具备经济性的方案，很可能不是那些容易计算的方案。如今，我们的处境和19世纪初发明铸铁结构的阶段类似。我们手中的这种材料完全可以胜任各种形式：板、肋、多面体、拱顶。然而，我们的设计却不得不使用笨拙低效的分析方法，我们还没有充分发挥它的巨大潜力。

我们可以借助模型，但是总体上讲，模型只能给予我们定性的指导。为了获得定量的信息，我们必须透彻地研究问题，才能获得足够的准确度。

况且，制作模型比计算更慢并且成本更高。对于非常复杂的结构，我会把制作模型当成分析的最后一步。在我的工作过程中，很少使用模型。每当我想到使用模型时，我就发现问题已经考虑成熟，没有必要制作模型了。由于我的事业经历了逐步的积累，因此早期的小体量结构为日后的大型结构充当了模型。

尽管有各种现代方式的帮助，设计兼具理性和表现力的结构，始终是缓慢和耗费精力的工作。我认为，最合乎理性的工作方法，是建立一套形式的"固定曲目"。其中的形式都是经过透彻分析和辛勤努力的成果。把这些形式用于设计过程，难道这不是对于"风格"最准确的理解吗？古代的建筑风格，正是经过数百年推敲的成熟形式的固定曲目

这些成熟的形式，绝不可能靠例行公事一般的工作来完成。它们需要对于事业的热爱以及对于细部的品味——这些都是商人们当中稀缺的品质。稍有实践经验的人都知道，总体上说，结构工程师参与项目的程度很浅(尤其是那些常见类型的建筑)。他的角色仅限于从经济和管理的角度控制项目。他并不活跃地参与日复一日的施工过程。某些极端的情况简直令人感到耻辱，如果说是工地上的工头负责整座结构也不为过。我相信，这正是工人们施工效率低下的真正原因。工人们感到他们的上级指挥者，没有为项目做出应尽的贡献，却在工程完成时照常获益。我们负责的项目，不会容忍这种常见的失职。我们不仅需要设计和计算这些结构，还必须建造它们。负责监管施工的人，必须投入极大的热情。这正是为什么某些施工承包商总是对我的方案怀有抵触。他们宣称施工成本过高，然而事实并非如此。事实是设计师提出的建造方式要求承包商承担他们理应负起的责任，因为建造者绝不只是生意人。

建造者是不可替代的。事实上，假如不考虑如何建造，一个建筑项目的设计就是不完整的。并且，建造的方式具有刺激灵感的强大力量。一切可行的新结构形式，都和施工方式有着密切的联系，并且这些施工方式将显露在落成后的建筑中。

在许多情况下，对于经济性的合理考虑会成为一种阻碍。在新的建造方式诞生之初，成本的计算只可能是粗略的估计。只有那些已经多次重复的建造方式，才可能计算出准确的成本。某些人为新的建造方式计算出的成本，并不可靠。唯一可行的做法，是将施工过程细分，评价每一部分存在的难点和成本。而对于那些非常新颖的建造方式，只能求助于想象力。预想建造过程的各个阶段，才能确保施工的可行性与效率。这种利用想象力描绘建造过程的能力，并非只属于少数天资不凡者。我相信，不同人之间的能力差异并没有我们猜测的那么明显。想象力可以通过学习而获得。所谓资质或者能力的差异，更多的是背景与个人经历的差异。缺乏想象力，更像是一种思维"切除"，是主动地转身背朝着创新，选择自己熟悉的内容。正如一个青年人仅仅因为很小的时候害怕水，就始终拒绝学游泳。

当我们刚开始思考一座结构时——这正是我们赖以谋生的日常工作，并不会立即做成本计算。随着细节的调整优化，成本计算发生在比较靠后的思考阶段。我们先用想象力搭起这座结构，同时考虑所有必要的细节，例如受力模式、施工方式和所需器械。日后，现实往往验证了我们的想象。经济利益并非我们建造的动力，这些项目的施工成本往往非常低。甚至那些更"艺术化"的项目，例如教堂，施工成本也低得令人惊诧。

理性与表现力

在讨论了以上这些问题之后，应当再次考虑某些在我看来显而易见的东西。许多情况下，当我们构想、设计并且建造起来一座结构时，它会令我们感动。使我们感动的，不仅仅是它宏伟的尺度或者力量感，还有它神秘的表现力。如果继续深究，就会发现这种感动的根源在于，我们在建筑结构中体会到自己的精神。与我们自身的生存相比，它更准确地适应客观世界的平衡法则。

这种适应不完全是理性的产物。我们尚不具备对于材料和结构承重能力的完整认识，我们的计算也无法完全精准地确定结构各个部分的应力。某些常见的问题，例如一座公寓楼的夹层，都证实了这些。我们习惯于万无一失，却忘记了自己的分析是多么初级和粗略、计算结果与现实存在多么大的差距。换句话讲，无论我们有意识还是无意识地确定一座结构的形式，在这过程中总是需要凌空一跳。这时，如果我们认真地思考如何实现跳跃，那么接下来的各种分析将为我们提供保障，使我们的跳跃更像飞起而不是掉落。这就是为什么我宁愿把结构称作艺术而不是科学。只有通过大量理性的努力，我们才能获得凌空一跳的能力。

基于金钱的经济性与普适的经济性

或许你会问我，有什么必要深究平衡的法则？我们的建筑符合通常所说的简洁与经济性，难道这还不够吗？我会毫不犹豫地回答，这些还不够。通常所说"简洁"，是一种不合理的简化。而"经济性"通常指的是金钱和它们的流通过程，局限于金融方面的意义。我们建造的东西必须具备某种普适的经济性，也就是说，与整个世界深刻的秩序协调。只有那样，我们的作品才具备令我们惊叹的古代伟大建筑的征服力。这是许多掌控着我们生活的绅士们忘记了或者不愿倾听的规律。世界上有许多人在创造财富，同时努力去顺应世界深刻的秩序。而我们的疏忽大意、金融策略和投机手段，挥霍了他们创造出的财富。

为了解释我的观点，我想借用克努特·汉姆森[①]小说里的一段情节。故事发生在挪威北方一座贵族的疗养院里，通常那里的补给需要经铁路从南方运来。某一日，疗养院里肉食短缺，院长知道当地有一个农民养着一头牛，于是前去求购。那个农民告诉院长他不能卖这头牛，因为牛还太小，没有长到该宰杀的分量。院长提出以正常成牛的价格购买，但是那农民却不为金钱所动，执意不卖。最后，他请院长五月份再来，到那时他会很乐意用公道的价格出售这头牛。这个故事描述了看待现实的两种不同方式：一种是肤浅的实用，另一种是深刻的实用。后者将考虑到某种秩序。这种秩序也包容混乱，包容某些人从不为他人做出贡献却反而利用他人。

我们的研究，兼有道德和实用方面的意义(两者最终是一回事)。我们的作品的形式，来自深刻的研究。换句话讲，建筑的形式使我们能够适应自然法则。与现实对话产生的高尚感，全都体现在探索过程中。它证明世界并没有和我们隔绝，而是与我们共生。

我们建造的结构是否稳固，取决于它的形式，而不是笨拙的堆砌构件。利用巧妙的形式来实现稳固，是最高贵也最优雅的手法，它完成了美学的最高使命。

建筑就是建造

我们一直忙于澄清建筑的几项基本要素，似乎冷落了某个极其重要的内容——建筑就是建造。思考并且解决功能问题、空间表现力问题，还远远不够。我们需要真实地建造这些空间，而建造的方式和过程将影响最终的表现力。因此，空间的概念构想和它建成之后的结构形式，两者实际是一回事。它们应当在建筑师活跃的思考过程中融为一体。今天的绝大多数建筑，似乎是"组装"而不是"建造"的产物。我相信，建筑不仅是建造的产物，它与建造本身是不可分割的一体。假如我们沿着这样的思路前进，我们的成果将兼具理性和经济性，超越那些只关注基本实用因素的建筑。

这就是为什么建造的过程以及它与建筑的关系如此重要。某些建筑可以没有电气、上下水等设施，但是建筑永远不能缺少建造的过程。

建造对于建筑而言，就像骨骼和肌肉一样不可或缺。每一种艺术都有它的边界，我们也可以称之为局限。这就是为什么透视图不是建筑，或者说只能算一种很特殊的建筑。某些伟大的建筑作品露出虚弱的神态，那是因为它们并非真实地建造而是堆砌起来的，这一缺陷使它们像一幅幅精美的透视图。

建筑应当产生于真实的建造过程。在使用任何一种材料之前，必须尊重材料的天性和潜力。只有这样，我们的建筑才可能获得普适的经济性，而正是这种经济性维系着世界。当我们以尊重的态度对待材料时，我们的美学手段就会变得谦逊和谨慎。如果我们使用砖，仅仅因为喜欢它的质感、因为它容易唤起历史的记忆，那么我们仍未充分发掘这种材料巨大的潜力。从这个角度看，如今我们面临的风险远甚于过去。因为现代科技赐予我们为所欲为、实现任何梦想的可能性。我们似乎可以像舞台布景师使用硬纸板那样使用建筑材料。这种做法在经济性方面的风险并不会立即显露，尤其在富裕的发达国家更是如此。

建筑是一种艺术

除了它显而易见的功能，建筑是一种艺术。建筑或许是最重要的艺术，因为它构成了我们所处的空间。与任何其他的艺术一样，建筑以其无限的可能性和理性难以破解的内容，帮助我们思考宇宙。

如果我们能够以完美透彻、无懈可击的方式了解世界，那么我们将无法创造艺术，而只能简单地思考世界。创造过程的最后一次跳跃，就像划过脑海的闪电，促使我们思考世界蕴含的和谐与智慧。这是属于艺术的时刻，然而艺术并非我们思考的唯一载体。人类的一切有意识或无意识的精神行为，都是在寻求这种思考。

我曾经告诉一位朋友，与古代的城市、大教堂和庙宇相比，我们的时代没有创造任何类似的东西。那些古代的杰作是文化的空间表达，或者说是对于世界、人类及其命运的完整思考。我的朋友认为，这取决于我们对于建筑的定义。在他看来，荷兰的高速公路系统是足以和法国夏特尔大教堂②相提并论的建筑。而我却以为，这就如同说一段精彩的法律文书与一首盖维多③的十四行诗没有区别。

这位朋友的观点，有部分可取之处。但是针对我提出的问题，它陷入了一个奇怪的误区。荷兰的高速公路和法国夏特尔大教堂，都是为了特定目的而建造的。两者都圆满地完成了各自的使命，为我们带来愉悦，而这种愉悦正是艺术产生的效果之一。然而，两者有显著的不同。夏特尔大教堂的创造者所做的，并不仅限于此。他们努力和世界有更深层的沟通，从而使我们窥测到永恒秩序的一鳞半爪。假如没有永恒的秩序告诉我们这个世界是有意义的，我们必将陷于绝望。

一座建筑唯有真诚和敏锐地忠实于自然规律，方能成其为一件深刻的艺术品。只有这种忠诚所产生的敬意，能够让建筑成为我们的思想旅途中真诚、持久和值得信赖的伙伴。并非所有的建筑，都符合这些要求。普通的文章与诗歌、通俗的舞蹈与巴赫的康塔塔④，都有存在的意义。我相信，理想的艺术不能(也不应当)是刻意追求的产物。一件真诚和谦逊的作品是艺术的成就，但是它并没有刻意去营造艺术。无论是一座建筑还是一群建筑，我们努力的结果将为城市树立典范。人们将从这些建筑中看到人性的闪光，消解他们的疲惫。并非所有人都能够创造这样的建筑，但是每一个人都需要它。

---

① 克努特·汉姆森(Knut Hamsun，1859~1952)，挪威作家，1920年诺贝尔文学奖得主。
② 夏特尔大教堂(Chartres Cathedral)，建成于1220年的哥特式大教堂。
③ 盖维多(Francisco de Quevedo，1580~1645)，著名的西班牙诗人。
④ 康塔塔(Cantata)，一种包括独唱、重唱、合唱的声乐套曲，一般为多乐章，有管弦乐伴奏。

工业社会与人类的道路

我曾经听到这样的批评:在机器驱动一切的未来社会,我们目前研究的建筑结构将失去现实意义。到那时,一切都由巨大的厂房里的机器大批量生产。坚持研究那些需要工人精心操作和工程师密切监督的建筑形式,不过是阻碍社会进步的怀旧感伤而已。

首先,我们应当定义何为"进步"、定义社会的"目标"、定义人自身的理想。在定义这些目标和原则之前,我们无从知道自己在进步还是原地踏步。

最本质的问题,总是被我们敷衍了事。既然这种批评攻击的对象比我们前面谈论的主题更重要,并且它具有盲目粗暴的力量,我认为有必要对它进行深入探讨。

未来的人类文明对于机器的应用,很可能比今天更加彻底。那时,绝大多数生产活动都是由一些庞大机构所控制的机器来生产。然而,机构和机器总是需要由人来制造和维护,必须有人设计机器的原型和生产过程。如果想当然地以为,今天这个社会盛行的文明模式同样适用于未来,这种想法存在巨大的风险。如果问题的确如此简单,那么唯一有意义的事就是在已知的领域内日臻完美罢了。而我无法接受这种观点,因为我们为之倾倒的文明暴露了触目惊心的失败,以至于我们不得不怀疑自己正处于像工业革命一样巨大变革的门槛前。那种憧憬着未来的机器文明并且为之鼓吹的人,通常并不是切实"做事"的人。他们视为颠扑不破的真理,更像是描述历史而不是未来。他们只是被世界上一些强大国家的力量和效率所震慑,表达出某种孩子式的惊奇。

我们面前的这个世界里,充满了答案未知的问题。我们的角色将永远是探索者。我们应当手握罗盘,知道目标何在。如果设定一个造福人类的共同目标,我们就可以达成广泛的共识。从这个目标衍生出的种种原则,与每一个人信奉的人生哲学和宗教都和谐兼容。

从这种理性的角度出发,聚焦于人类前进的目标,我们周围发生的事令人感到无法接受。正是这些今天高度发达的国家,昔日发起了一场科学地解释现实的革命,并且日后将它应用于技术。这就是被我们称作工业革命的巨变。它在许多方面产生了积极的力量,向人们展示了把世界改造为人类真正的家园的力量。然而,它同时也造就了严重的社会不公。由此产生的反抗点燃了疯狂毁灭的火焰,已经席卷整个世界。不必阅读历史书或者狄更斯的小说,我就能够体味那种社会不公有多么可怕。我曾经在法国西北部的一个工业城市短暂工作。在那里停留的一个月,足以让我无法忘记城里一排排的贫民窟。

我形容它们是"具备动物的舒适,却丝毫看不出是为生来应当仰望星辰的人类而建造的"。整座城市是对人类那种高贵使命的羞辱。当我在春天里走过这座城市时,除了城市上空飘过的云,这里唯一具有人性的东西是正在开花的樱桃树和树下的百合——当然,它们绝不会出现在穷人的院子里。我想一次次追问这样的问题:人类的发展值得付出如此可怕的代价吗?值得一再重复类似的错误吗?值得让一家巴西的造纸厂向河里倾倒含有化学废料的污水,使空气变得令人难以呼吸吗?如果是在瑞典,你认为这家工厂可以像在地球上穷苦的角落里一样为所欲为吗?有谁能站出来阻止这种恶行吗?难道我们没有另外一条路可走吗？我相信，我们的决心与执著能够找到其他的道路。

即便是对于建筑不甚了解的人，都会意识到现代城市里存在的危机。我们应当容忍眼前正在发生的一切吗？难道你看不到，一种残暴的力量正在摧毁美轮美奂的事物，正在无情地践踏贫穷者的尊严？这方面最令人心痛的例证，就是欧洲战后的建设高潮。它的目标并非医治历史遗留的病症，而是毫无顾忌地赚取钞票。法国中部的城市图尔，在经历了第二次世界大战之后，有两片中世纪遗留的旧城区和两座"现代建筑"的杰作得以保全。战后重建，理应利用技术为城市提供宽敞的空间、在空间与人之间创造和谐。然而，其结果却是一律的枯燥机械、毫无想象力的怪物。回到中世纪，那时图尔的建造者们关注的是永恒的主题：幼儿、青年和老人。当20世纪中叶的人们重建这片毁于战火的老城，他们关注的是交通问题、坚固的结构、充足的照明、通风和舒适的卫生间，却忘记了许多存在于每个人的生命之中的东西。新建的城市根本不是一座城市。它只是一个为便捷的汽车交通服务的场所。人们在舒适的卧室和卫生间享受惬意，但是仍然感到莫名的紧张。因为他们找不到一处空间能够表达他们神秘的内心世界。

在这座城市的旧城里，你能感觉到一种强烈的快乐。那是因为前人的智慧与关怀塑造了空间这个无价之宝。空间奏出的旋律——建筑，与整个世界奏出的旋律，还有你我的心灵回荡的旋律，一起和谐地共鸣。孩子们在街道上打闹，唤醒我们对于过去英雄事迹的追思。年轻的恋人们在街巷里发现爱情的神秘，老者坐在阳光下陷入回忆。古代的建造者们，思考了某些深刻浓醇、不可言传的——就像人本身那样神秘的问题。他们绝不会用十几分钟勾画出几张方案或者概念，却把真正重要的内容丢在一旁。

让我们再回到庞大的机构这一话题。我们通常认为它们将造福社会，为了我们在甜蜜的梦乡安睡而尽心尽力。假如能够造福社会的庞大机构果真存在，那么它必定和我所熟悉的那些大不相同。二者不仅仅是目标不同，和政治的、经济的行为方式不同，对于效率的理解也完全不同。一种是真正的效率而另一种是粗暴的效率(真正的效率不会是粗暴的)。

效率，是心地阴暗的大神。为了供奉他，我们牺牲了太多东西。绝大多数情况下，在这尊神像前拜倒的人，都是极端感情用事的人。他们被权威和声望所蒙骗。在与许多闪耀着光环的庞大机构合作之后，我清楚地看到了它们背后的污垢。它们的愚蠢、低下的效率和技术能力，造成了难以想象的巨大的人力浪费。它们所做的一切，只是枯燥教条的劳动。它们无法蒙骗我。它们的力量源泉是过去积累的资本，而不是当前高水平的效率。

天性淳朴的南美人(我们都是其中一员)相信，在这种力量背后总是有真正的效率。事实却非如此。这种力量拥有的只是历史。诚然，它也曾贡献过某种效率，但同时也贡献了偷盗、犯罪和无耻的剥削(想想贩奴贸易和鸦片战争吧)，还有其他同样罪孽深重的恶行。今天，它甚至连野蛮作恶的勇气都没有了，只剩下一台丑陋衰老的机器，依赖人们的轻信和贪婪而勉强运行。

那些庞大的机构被许多人所敬仰，但是它们无法欺骗我。我对于为了获取权力而产生的力量毫无兴趣。我只对人如何实现幸福感兴趣。我们还没有发现一种模式，可以让人们的幸福与统治我们的面目不清的怪物和谐共生。切斯特顿[6]形容这样的机构"没有灵魂供人谴责，也没有身体供人敲打"。工业社会与后工业社会最迫切的问题在于，如何使人类免于自我毁灭、如何使由我们制造出来、令我们受益的机器本身免于自我毁灭。

最让我感到可怕的是，目前仍有占相对大比例的工人在从事枯燥和危险的工作，其危险的程度甚至远远大于过去时代的重体力劳动。我曾经不止一次地，在同一建筑项目中比较来自发达国家的工人和乌拉圭本地的工人。我强烈地感受到这些工人们所忍受的贫困，我渴望纠正种种的社会不公。如果不得不在这两种命运之间做出选择，百分之九十九的情况下，我都会选择本地工人的命运。虽然摆脱了贫困，但是发达国家的工人，比起生活在拉普拉塔河边的工人更冷漠也更孤独。我坚信，如果数量相当多的人的生活中没有满足感，这样的社会将面临缓慢的解体。

简而言之，我仍然看不到值得效仿的"典范"。眼前令我激动的是一次实干、一条道路。幸运的是，我手中握有一个罗盘。

当然，以上的文字并非对于工业社会的分析或者评判。那些不是我擅长的工作。我并不知道未来的世界将是怎样。是啊，有谁真正知道呢？然而，我很清楚地知道我们应当遵循的规律是什么，它将引导我们靠近理想中的世界。我相信一条伟大的真理："只有双脚才能找到路！"

我的愿望，是凭借一个建造者多年积累的经验，反抗统治着技术领域和整个社会的虚假力量。它想当然地认为，所有可走的路都已经被不容置疑地画定。这些路径，是拥有权力声望的人特意为我们设计的。我不相信，所有可走的路都已经被不容置疑地画定，正如我不相信貌似力量强大的人果真拥有强大的力量。即便他们可以暂时击垮我们，但是如果他们忽视人的本性，他们的力量必然无法持久。

---

⑥ 切斯特顿(Gilbert Chesterton，1874~1936)，英国著名作家也是虔诚的天主教徒。20世纪中期，经阿根廷作家博尔赫斯(Jorge Luis Borges，1899~1986))的大力推介，切斯特顿的作品在阿根廷流传甚广。
切斯特顿与英国作家贝洛克(Hilaire Belloc，1870~1953)是多年的好友，他们共同信奉以天主教精神对抗资本主义。迪埃斯特的儿子安东尼奥在一封信中确认，迪埃斯特的家庭图书馆里，有大量切斯特顿与贝洛克的著作。

形 式 的 意 识

埃拉蒂奥·迪埃斯特(Eladio Dieste)

每一次有人问我，我们设计的这些建筑遵循什么样的原则，我会很自然地回答：功能的因素。这是我们最重要的出发点。然而，我所理解的功能是一个内涵极其丰富的概念，包括人类文化的一切方方面面。而这些内容难以通过语言表达。当某一事物的功能被简化为条文时，那么这些文字和它指导的行为都会变得单薄贫乏。

在另一篇文章里，我曾用教堂的钟塔作为这方面的例子。钟塔的功能是什么呢？夏特尔大教堂、斯特拉斯堡大教堂[1]或者高迪的圣家族教堂高耸的钟塔(你可以登上去)，另一种如巴西利亚大教堂[2]仅仅用一根支架的挂着几个钟(你无法登上去)，这两类钟塔的功能有可比性吗？

我始终认为，对于建造施工的理性考虑，是基于普适的经济性而不是纯粹金钱方面的经济性。然而，这并不是我唯一的路标。指引我向前的，还有一种敏锐的甚至是痛苦的形式的意识。既然我从未接受过学院化的建筑教育或者视觉艺术教育，我理应保持一定程度的谦逊(我正试图以这些文字来克服我的谦逊)。正因我从未学习过与建筑相关的任何思想与著作，我的谦逊使我总是怯于谈论"形式"这一话题。

我相信，如果你浏览这本书展示的各种类型的作品，就能够体会到形式、形式塑造的空间、空间实现的功能三者之间的关系。

在萨尔托市公共汽车总站，行人会从建筑西端的拱壳下面走过。因此，很自然地，空间应当呼应他们的行为。我还记得，最初的设计是从筒壳边缘悬挑出一块变截面的板，这也是最简单的方案。进一步推敲空间的视觉效果之后，我确定了新的方案：由一根变截面的梁承托一块矩形的板，再从混凝土柱上悬挑一根纤细的预应力梁支撑它们。在建筑的边缘，屋顶基本上是连续的，给人一种安详平静的感受。而在屋顶筒壳悬挑的两端，人们自由地穿行。无论从结构方面还是空间限定方面，这里都无需边梁的存在。

---

① 斯特拉斯堡大教堂(Strasbourg Cathedral)，建成于1439年的哥特式大教堂。
② 奥斯卡·尼迈耶设计的巴西利亚大教堂，1970年建成。

说到同在萨尔托市的图雷特公共汽车站，筒壳边缘悬挑出的板，是最节省造价的结构方案。更进一步讲，为了有效地吸收拱壳的水平方向推力，应当采用变截面的板。它的屋顶距地面的高度，比刚才提到的公共汽车总站的高度大一倍，因此不需要所谓的"空间修复"。在这里，屋顶的边梁不必承担限定空间的角色，屋顶的壳体本身是空间活力的源泉。

很显然，形式既能够强化空间表现力，也可能削弱它。在基督圣工教堂内部小礼拜室，通过切砖，使一部分砖块随着与观察者的距离增加而越来越薄，从而夸张空间的纵深感。在蒙得维的亚港口仓库，月牙形的天窗强化了空间效果，但是没有破坏"罗马式"的旧砖墙的坚实感。在我与建筑师阿尔伯托·卡斯特罗合作的圣彼得教堂，圣坛的侧墙随着高度增加而向内倾斜。营造了一种既安详而又充满活力的空间。站在室内看去，这个空间显得很有气度，比室外"测量"的实际尺寸高大许多。

外观形式与建造过程之间保持一致，同样非常重要。例如，马尔多纳多电视塔和拉斯维加斯的水塔，塔身的孔洞规律地间隔错开。我们最初的想法要比这简单得多：孔洞组成一层层水平的"环"。我怀着疑问征询一位建筑师朋友的意见(我一直非常敬重他)。看完各种解决方案之后，他选择了"环"，因为这是最简洁、也是最"理性"(他常用的形容词)的方案。而我经过大量推敲，认定这些"环"会把砖塔表面分割成许多部分，丧失结构整体的表现力。

图雷特公共汽车站提供了一个例证，貌似并不重要的因素可能导致显著的形式变化。在柱子高度的中心位置设有夹层楼板，充当连杆吸收筒壳产生的水平方向推力。同时，柱子可以直接支撑夹层。然而，这种混合的受力关系，缺乏清晰的形式感。理想的解决方案是，夹层楼板与柱子之间留出一定的空隙，二者由方钢管的钢梁连接。实际的施工忽略了这一细节，并且把应当暴露混凝土质感的夹层楼板和柱子都涂上抹灰。结构的细节丧失了精准的形式，变得粗鲁而笨重。完工之后的效果，形式的表现力大打折扣。需要说明的是，我们的合同仅限于结构设计和屋顶壳体的施工。结构的其余部分由当地的一家承包商施工。施工的最后阶段，在现场监理的建筑师没有尽其职责，造成了我刚才提到的缺憾。

如果有人认为执著于形式和尺寸的精准只是一种偏执，并且建筑的使用者根本不会察觉这些失误，那么我的回答是：不同人的鼻子也不过相差几毫米而已。

形式是一种语言，并且应当是一种我们可以读懂的语言。我们都渴望读懂它，因此也就渴望形式的表现力。现代社会存在的焦虑，部分源自缺乏适宜的形式表现力。我们被干瘪乏味的事物所包围，它们否定那些本应在人造环境中自然流露的情感。或优雅或粗俗然而都一样劣质的装饰，填补了适宜的表现力缺失造成的空位。某些掌握了必要学识的人，打着借鉴数十年前的绘画和雕塑流派(比如立体主义和超现实主义)的旗号，用一些似乎颇有来头的形式达到广告效应。关键在于，我们的建筑始终具有某种表现力。虽然某些建筑无法和我们沟通，但它们仍会发出噪声，而我却宁愿它们保持有尊严的沉默。由于我们的错误，冷淡、粗野和愚蠢这些病菌正在现代社会的肌体里肆虐。

由于建筑将影响周围的景观环境，许多建筑项目本身就具备重要的意义。然而，现实中唯有技术方面的效率才称得上重要。如果这些结构形式能够表现功能的丰富内涵，它们将为我们的生活增添丰富的内涵。遗憾的是，许多建成的作品对此没有一丝一毫的考虑。

例如，一座微波信号发射塔就具备丰富的内涵。人们的生活内容，通过它发射到远方。它的天线像是耳朵或者嘴。我们不妨想象一下，在房屋的表现力平淡的小城市，建造一座类似马尔多纳多电视塔那样的砖塔，而不是通常的金属结构的发射塔。承担接收的"耳朵"，与承担发射的"嘴"，表现各自的功能，使我们借助空间的形式感知生活中非常重要的内容。我并不认为这样的发射塔比通常的造价更高。砖塔的另一项优势是：经过适当的指导，小城当地的工匠就能完成施工。当生活中的每一样事物都对于人的存在和行为有所表现时，我们将拥有无与伦比的美妙生活。

为了获得有机的表现力，不可能不付出代价，首要的规律，就是我们的建造必须与统治万物的平衡法则保持一致。这就是为什么一座结构必须让力的作用达到平衡。自然界花费了亿万年的时间，通过极其微妙含蓄的变化过程，使万物的形式适应各自的功能。然而，当人类尝试着让形式适应功能时，却未必获得符合经济性的成果——至少不是自然界实现那种的经济性。

以我为壳体施工设计的预应力技术为例。钢筋在预应力作用下改变形状的过程，符合其应力分布的规律。但是我选择特定的形状，更多地是出于本能的表现手段，而不仅仅是满足受力的理性规律。我可以自信地讲，操作完成之后的预应力钢筋有一种抽象雕塑的气质。这有什么意义吗？这很重要吗？是的。我相信，操作这一过程的施工者也会下意识地产生我体会过的感觉。

谈到造价，我指的是建造过程的一次性投入。而更准确的评价标准，应当是以30年或者40年的使用过程为衡量标准的造价。每当虚假的现实主义将冰冷无情的效率视为生活中唯一重要的信仰，我就会想到切斯特顿包含辛辣讽刺的话语："人们总是讲，给我们那些多余的东西，我们就不再需要必需品。"在这里，多余的东西，就是表现力和优雅的姿态。它们呼应着人类内心深处丰富的渴望。多余的东西，总是摸索着进入我们的生活，甚至某些时候以污秽或者隐秘的方式。

形式表现力与功能的一致性，仅仅是我们对于建筑的社会使命的一种道德呼应。它们就像是一所预备学校。只有从那里毕业，有活力的艺术才可能枝繁叶茂。我们的艺术，源自世界上某种神秘的启示。离开它，我们无法在生活中创造任何真正人性化的东西。

艺术、人民与技术官僚

埃拉蒂奥·迪埃斯特(Eladio Dieste)

我有这样一些朋友，他们和我在某些最严肃重大的议题上观点一致，然而谈到艺术却总是意见相左。他们认为，在这个因不公正和混乱而堕落的社会里，艺术不过是又一件奢侈品。他们抱有一种错误的概念，相信艺术只是名贵香水和纯种宠物狗的替代品，仅仅不那么低俗而已。

虽然艺术与好的品味截然不同，但是对于这些人而言，在构成好的品位的因素当中，艺术是最次要的一项。定义何为好的品位，既不是一件容易的事，也并不重要。然而，请容我在自己力所能及的范围内，提出一个定义。我认为，好的品位是这样一种群体所拥有的品位：他们具有足够悠久的家族背景(如果已经没落则品位更高)。他们的家族在漫长的历史中有过各种丰富的经历——多数情况都是无谓的徒劳。因此，如今的他们对于一切和那些经历相关的事物都失去了兴趣。很显然，在我们最熟悉的的贵族群体当中，并不盛产这种好的品位。在建筑领域，它的原则体现为密斯的教义"少即是多"。我所做的定义，适用于当前体现好的品位的风格，但是未必适用于各个时代的各种风格(例如18世纪末流行的风格)。在现代社会，好的品位鼓励人们去发现真正的价值，从日常的基本用品里发现美。这种意识能够被社会接受，得益于现代建筑运动的影响。

一片织毯的质量必须达到非常高的水准，才能比一个羊毛靠垫更漂亮。许多人宁愿要一块粗布而不要纺织精美的布料。一把锤子、一把斧子或者园艺刀，往往比许多工艺品具有更令人惊奇的美。它们的形式，直接而精确地体现了一种与现实生活之间的关系。

然而，好的品位的社会意义仅限于此。它的本质在于，以渴望与众不同作为原动力，促使工匠的巧手表现一种人性化的优雅。

艺术则是另一回事。它体现了人类对于自身存在以及周围世界的认知。艺术是一种强烈的意识。它稍纵即逝，即便形式可能是主观而随性的，但总是体现了一种神秘的内涵。我相信，亚里士多德所

188

说的"形式是事物的灵魂"正是想要表达这个意思。坏的品位可能与艺术共生。高迪那种令人敬畏的艺术天赋，在许多情况下并不等同于好的品位。在他最卓越的作品里，看不到漫长积累的混杂与沉重，只有光芒不受阻挡地照耀着。制造锤子和园艺刀的那些普通人，具备让它们超越纯粹的工具的品位。他们还具有其他某些更宝贵的品质，例如淳朴、渴望品尝新鲜事物的味道。这些品质提升了他们对于装饰的品位，赋予他们"巴洛克"的风格。当然，我指的是这个词的字面本义——丰富奇丽、包容多元，而不是建筑角度的巴洛克风格。这些品质也让他们的淳朴容易被人利用，使他们容易被深奥的长篇大论所震慑。

如果你像我一样坚持美好的事物应当属于所有人，那么你必然关注普通大众是否对艺术感兴趣。如果答案是否定的，那么我们就不必再为这个问题而忙碌了。我相信，如果好的品位等同于稍纵即逝的时尚，那么他们对于好的品位不感兴趣。因为，它只是一群炫耀与众不同的人常玩的游戏。普通大众关注的是传统，一种真实和鲜活的传统，并非守旧者谈论的空壳。那么艺术呢？假如缺失了艺术，普通大众会意识到吗？如果有种种迹象在暗示他们与艺术无关，他们还能意识到艺术的存在吗？

我曾在其他场合讲过一个有关基督圣工教堂故事。一个非常贫苦、鞋子沾满泥的老妇人，用行为证明了她对于空间的领悟。她在教堂里行走的路线，她稍作停留的位置，还有她不带丝毫溢美之词的朴实话语，都让我感到她真正理解了这个建筑。她并未察觉我精心推敲的设计思想，只是看到了设计思想结晶而成的物质形式。我相信，这种直觉的领悟并非特例。

我曾经和一些村民一起参加某座建筑的竣工仪式。当脚手架拆除完毕后，露出一座非常复杂的建筑。它的结构不同常规，但是并不张牙舞爪。其结构的引人注目之处，不在于尺寸或者造价，而是建造它所需的热情与努力。正如在场的一个人讲的那样，盖起这样一座房子着实不容易。大胆的结构带给人们的，不是怀疑和惊诧而是快乐。这位发言者敏锐地区分了两类做法：一种是仅仅依靠尺寸或者造价而显得重要，另一种以最深刻的方式触及我们内心，使我们看不到创造建筑的力量，却能够体会力量的存在。

我又一次清晰地意识到，真正打动普通大众的事物，一定要具备某种轻巧的感觉、一种不可言传的轻松自如、一种像是轻盈起舞的简洁。如果依靠粗暴的力量或者大量金钱来征服困难，他们不会感到满意。这正是他们的智慧的表现。他们希望轻松自如地化解困难，就像我们在神奇的自然界看到的那样。鹰在空中翱翔，鲜花在阳光下绽放，它们何等地轻松自如。正如耶稣所言："就是所罗门极尽荣华的时候，他所穿戴的也还不如这一朵花呢。"[①]那种温柔，就像一双粗糙的大手轻轻地抚摸一个孩子的头发。

某些人对于任何带有感情色彩的事物都持怀疑态度。我需要向他们澄清某种关系。人类的一切行为都浸透了感情色彩，我刚才描述的对象也不例外。它是一条环环相扣的锁链的尽端。粗暴的力量或者大量金钱的背后，总是冷漠怠慢；而冷漠怠慢的背后，总是轻蔑、鲁莽或者肤浅(另一种形式的轻蔑)。这种轻蔑，无异于鄙视人们的努力甚至人类本身。在这里，我想我们触及一个所有人都认同的出发点——人类的

---

① 《圣经·新约·马太福音 6：28-29》

价值观。艺术给予我们的是辛劳的成果，是冷漠怠慢的对立面。

我用这个例子和接下来我亲身体验的例子，来说明艺术对于普通大众是否重要。在我看来，这个问题就等同于艺术本身是否重要。

我少年时代的一个伙伴特奥菲罗，是出色的音乐家。他经常用吉他弹奏巴赫《十二平均律》中的赋格。我记得，我们曾一起在我父亲的小农场度假。七月清寒的夜空下，纯净曼妙的巴赫在篝火旁飘荡。不到一个星期，村庄里的农夫们走出自家小屋时，已经可以用口哨吹奏我们带来的这些新旋律。他们喜欢这些旋律，因为它们表达出他们内心的某种感受。

平凡的人们具有非凡的创造力，这方面最好的例证就是那些近乎完美的小村庄。任何个人精英创作的建筑，都无法与之相比。你可以想象，某一个或者几个天才重新设计出像夏特尔大教堂、帕提农神庙一样优美的东西；然而你无法想象，除了全村居民，还有谁能创造像他们的村庄一样绝美的事物。然而这种美是脆弱的，因为淳朴的村民们无力抵御金钱的力量或者诱惑。

至今，我仍清晰地记得我父亲生活过的一座小村庄①。我第一次去那里的时候正值夏末。当地的气候凉爽湿润，通往村庄的小路旁，嫩绿的植被藤蔓还不甚茂密，仿佛仍是春天。小路通向村子里的一块空地。它既是广场也是庭院，也就是说，既是公共的也是私密的空间。空地周围都是古老的石头房子。墙壁上的窗子，让你感觉它们是从屋子里面做成的。假如我们能够设计和制造自己的眼睛，我们一定会用同样的方式设计和制造这些窗子(在数万年的进化过程中，或许人类的确设计和制造了自己的眼睛)。从这片石板铺地的庭院，沿着一条两侧是同样石头房子的小街，来到另一个方形小广场。那里有一个石头的十字架和一间小酒馆，还有几位像时间一样苍老的妇人，正在用祖先们一千年前的方式纺线。四周没有一棵树，只有石头、天空和白云。那是一幅完全由建筑构成的景观，充满令人无法忘怀的美，并且是极其现代的美。现代建筑想要追求的一切，都已经在这里实现了。一想到为了改善村庄里的物质缺陷(例如卫生条件)，有可能毁掉这样的建筑杰作，我不禁感到恐惧。

在这里，我要提出另一个观点。过去的千百年，普通大众将美的重要性，置于现代社会为之痴迷的许多商品之上。卫生条件的重要性显而易见，我并不反对改善落后的物质条件。恰恰相反，我认为，把人们从肉身的奴役中解放出来是现代社会高尚而人性的努力。我只是想强调，大众的注意力总是投向最高贵的事物。比起卫生间，他们更看重令人愉悦的比例。从某种角度看，这不无道理。比例在生活中无处不在，而我们每天只在卫生间里停留很短的时间。

(在我写下这篇文章数年以后，我再次来到这个村子，发现这些小广场已经被毁掉了。对于金钱没有抵抗力的淳朴村民们，接受了把他们从"肉身奴役"中解放出来的美好建议。)

在城市里，我们也可以举出你意想不到的例子。许多年前，我们负责建造的一个城市项目，有可能威胁旁边一些老旧而且质量低劣的建筑。我找到这些租户，建议他们搬到旅馆里暂住几天，直到我们完成危险的施工并且把施工造成的破损修复之后再返回家里。在那些以房间为单位出租的公寓里，我走进其中一个狭小的房间。它的主人，是一位身材矮小但极有风度的老妇人。她住的房间简直是空间布置的奇观，或者应当称之为建筑的奇迹。书架、桌子和摇椅，仿佛都是她颤抖的双臂和关节凸起的双手延伸的一部分。一生辛勤的劳作，在她身上留下了令人感动的美。她的房间和里面的一切，全都围绕着她，被她赋予了生命。整个空间组织，随之产生了一种非常人性化的美。

我很清楚如何戳穿善于欺骗的表象。我毕生的经验告诉我，如果你赋予普通人机会，他们就会创造出美。他们对艺术很敏感。毫无疑问，如果我们的城市、小镇甚至乡村，都变得像这位老妇人的房间那样更加人性，普通大众的生活就会更加幸福。当我们谈到"乡村"或者"自然"时，我们应当意识到，是某些人的存在才使我们真正地观察、了解、思考这些美的景观。

秘鲁的库斯科与拉帕兹之间，是犹如月球表面一般荒凉的大平原。那或许是我所见过的地球上最为壮丽的景象。一队印第安人在荒原上行进着。从火车上远远看去，他们就像一排微小的蚂蚁。突然，他们挺直身子，望着载有我们飞驰而过的火车。这些印第安人，就像一道闪电照亮了我的灵魂。那幅画面，像一支箭射入我内心的最深处，让我以从未有过的敏锐观察这个世界。那一时刻，我真正看清了黄色的大平原、白雪皑皑的山峰和造化对我们如母亲一般的呵护。

接下来，我要把目光从普通大众转到那些控制世界的人身上。虽然没有人明说，但是你可以隐约地感觉到，所谓的贵族们都希望社会上存在某些行为和生活方式的原型，而贵族们总是自封为这些原型的执行者。他们付出的代价，是让普通大众得到好一些的食物和待遇。每当愚昧流行或者社会剧烈变革的时刻，就会产生这些原型。它们得以存在，是因为社会大众需要它们作为自己的代言者。当复杂的社会矛盾和社会不公加剧，这些原型就变得虚弱含糊，难以承担道德的范例。每当此时——正如历史多次见证的那样，高贵者总是凭借一种卑鄙的狡猾，在普通大众当中寻求庇护。

"贵族"一词的字面本义，是"具有统治权的精英们"而不是昂贵的餐具和香水。作家贝洛克认为，贵族意味着世代积累的财富。然而，如今不是普通大众而是中产阶级精英，在孵化我们通常所讲的"贵族"并且在操纵艺术。其结果是社会越来越缺少温暖的人性。恰恰是这些今日的"伪贵族"，使我们的城市变得如此丑陋。随着装满名画的博物馆、风雅的音乐厅被嘈杂的街道所包围，我们的社会正变得越来越缺乏民主，越来越深地被技术官僚所控制。他们考虑方方面面的问题，唯独不触及社会矛盾的关键。他们所做的重大决定，和人类发展的目标毫无关系。因为，他们中的绝大多数人要么玩世不恭、要么悲观冷漠，并且基本上都是从对于人类的发展不感兴趣的人那里领取薪水。

最可恶的一种"贵族"是这样一群精英，他们认为自己高人一等是天经地义的，他们的光芒源自某种严肃的力量(例如科学)，而不是珍馐香水之类的小玩意儿。我发现他们身上都有一个共同的畸形特征：惧怕生活中出现美的东西。对于他们而言，唯一的选择就是让世界保持丑陋与污秽，只有这样才意味着效率和实用，他们才能利用这种丑陋与污秽赚到大笔的钱，用来购买名画摆在博物馆里，或者在厅堂里演奏音

---

① 据安东尼奥·迪埃斯特解释，他的祖父出生于乌拉圭，但是曾在西班牙西北部的一个小村庄生活过几年。

乐。或许我的描述略有夸张，然而不幸的是，我手头就有一些实例。两年前，我曾和一个同行为一座大桥的设计发生争论。他有权在两个设计方案中做出选择。他选中的方案造价更高，却没有换来更高的安全系数。只是因为它很丑陋笨拙，这位决策者就认定它必然既高效又实用。另有一次，我设计了一座钢构架。我费尽口舌，依然无法说服某些技术官僚接受我方案。他们认为如果一座钢构架"不那么丑陋"，就有违背道德之嫌。他们总是怀疑，"美"会另有所图。他们青睐既廉价又冰冷的东西，认为丑陋必然是最稳妥的选择。他们下意识地创造了一位新的大神，和古代神话里的魔头一样邪恶的大神。这群精英们利用它击碎了普通大众的生活，从而获得一星半点的分红。

还有一次，我为一座厂房建筑设计了"S"形拱壳单元的屋顶。我试图说服决策者们在天窗上安装透明玻璃。这座建筑距离海滨不远，在室内抬头望见海鸥飞过，定然是一件乐事。我的劝说以失败告终。反对者举出的各种理由，其实质不过是一种龌龊的畏惧心理，惧怕美丽和优雅成为我们生活的一部分。虽然他们辩解自己的目的绝非如此，然而他们讲的每一条理由都在暗示：应当把美丽和优雅的东西从生活中隔离出去。对应贫富差异划分成的各个等级，美的品质应当逐级递减。这种做法果真能提高效率吗？当然不能。工人的目光离开他手中的活计，抬头看见天空的流云和飞鸟，将会少一点疲惫，从片刻的思考中获得新的力量。最终，他将制造出更多产品。在一个充满美好意愿的社会，美好的意愿都应当成为现实。"你们要先求他的国和他的义。这些东西都要加给你们了。"[①]一切事物都应当合理并且优雅，因为正是这些品质造就了也维系着人类美好的生活。

在与普通大众的接触过程中，我发现他们渴望思考(正如所有人一样，因为普通大众也是人)。他们用行动创造周围的环境，满足自己的渴望。另一方面，我在与精英们打交道的过程中发现，总体而言，他们的这种渴望并没有那么强烈。他们不理解美对于人类的幸福是多么重要，否定美在实际生活中的价值。我举的这些例子略显极端，但是只要认真看一看自己的城市或者世界上任何一座城市，你就会认同我的观点。城市的精神仅仅存在于旧的事物——那些被"现有的力量"抛弃了的事物之中。"现有的力量"似乎也将随着时间推移变得更加人性化，然而它毕竟无法取代对于人类生存至关重要的丰富活力。

没有人否认今天的大都市具备某种美。纽约是美的，布宜诺斯艾利斯也很美。人类生活中的任何一样事物，都具有不可摧毁的美。这些巨大的城市空间，体现了人类的成就。然而，这些城市的现状和它们有潜力变成的面貌之间，存在巨大的差异。傍晚温馨的城市灯火、层层叠叠的天际线、郁郁葱葱的行道树和广场上优雅的鸽子，勉强弥补了城市里的破碎与彷徨。今日的城市，远远没有负起它本应承担的职责——成为人类的家园！

我并不是对我们的文明的未来失去信心。相反，没有一件事物是从本质上与人性为敌。在城市中心，甚至在大工厂，也存在人性。我们应当谨慎地选择面前的道路，不要迈出任何多余的一步，不要跟随那些众人笃信不疑而实际上欺骗了他们的路标。我们的路标是人类的尊严和价值。我们的使命是把地球变成一个更人性化的地方，变成人类真正的家园。

清晰地勾画出目标，并非一件容易的事。如果只是勾画出确立目标所需的规律，则要容易得多。

这就是为什么"以目标评价过程"是一个可怕的错误。我们并不知道终点在哪里。如果我们的行动违反了确立目标所需的规律，那么理想中的图画将永远无法实现。我们不能把迫切需要的尊严和美留给未来的城市，一味忍受今天的肮脏混乱。尽管在实践中的某些时刻，我们会别无选择而不得不做出妥协，但是我们应当努力恪守那些决定我们未来的规律。

　　和所有的战斗一样，在这场战斗中，普通大众所犯的错误和无知必然会少于统治他们的精英，前者将是最终获胜的一方。

---

① 《圣经·新约·马太福音 6：33》

迪埃斯特的壳体施工过程图解

冈萨罗·拉兰贝贝里(Gonzalo Larrambebere)

自承重筒壳(亦称自稳定筒壳)

图202 体量较小的自承重筒壳。近处是筒壳单元连接处"谷底"的配筋,远处是筒壳施工用的木模板

图203 使模板移动的简易装置。金属轮和轨道可调节水平位置,金属螺栓可调节竖向位置

图204 支撑上图中模板的木桁架。模板可沿木质平台上的轨道移动

图205 在模板上钉成网格状的细木条。砖在木条之间定位后,在砖之间埋设钢筋,再灌注砂浆

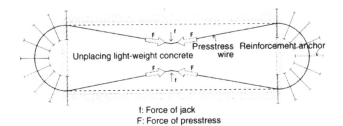

Unplacing light-weight concrete

Presstress Reinforcement anchor
wire

F: Force of jack
F: Force of presstress

f: Force of jack
F: Force of presstress

图206 两端固定的环状钢筋，吸收不利于结构稳定的应力。筒壳表面被砂浆覆盖之前，筒壳仍由模板支撑着

图207 使用机械千斤顶对环状钢筋施加预应力。环状钢筋范围内的钢筋网被切断成两部分，各自向后弯折，用水泥与已完成的屋顶浇固在一起

双曲拱壳(亦称高斯拱壳)

图208

图208 钢框架与木龙骨、木板条制成的壳体模板，跨度为30米。两边最外侧的钢管支柱下面是轨道，在模板水平方向移动过程中，中间的钢管支柱不起结构作用

图209 使模板越过连杆移动的装置。在钢管支柱与上部桁架之间，是被木块分开的两道平行钢梁

图210 轨道上的轮子用于水平方向移动，电力千斤顶用于竖向升降

图209

图210

图211 模板的木龙骨，即将铺设木板条

图212 两个高斯壳体单元之间的伸缩缝细部

图213

图213 带天窗的S形壳体单元。左侧近处是钉在木板条上的细木条，用于砖的定位。远处是一组连续的施工步骤：摆砖、铺钢筋、砖缝之间灌砂浆、砖表面抹薄的水泥层。右侧的壳体顶部预留洞口，用于固定天窗的竖向窗框

图214

图214 从室内仰视。左侧是刚完成的一个屋顶单元，模板已经移到下一单元施工的位置

黏土砌体结构的前景

安东尼奥·迪埃斯特(Antonio Dieste)

(献给我的母亲伊丽莎白·弗莱德海姆·迪埃斯特)

如果要研究迪埃斯特的作品，我认为应当把技术性、经济性的分析和建筑方面的因素分开考虑。从建筑方面讲，我父亲的事业无法由后人延续。和所有其他的艺术表现一样，他的形式创造力带有极强的个人色彩，无法传递和效仿。这并不是说人们应当忘记他的作品、文章和教导。恰恰相反，我们有可能继续利用他创造的技术。然而，只有让这些技术适应新的环境并且不断发展，这样的延续才能结出成果。仅仅重复他已经完成的事业是远远不够的。正如迪埃斯特所说的："需要重新思考一切。"

重新思考一切，并不意味着在同样的道路上重走一遍、仅仅调整细节而已。我们需要开辟新的道路，而这意味着困难，因为它离不开新的思想启发。更进一步讲，新的思想启发还不足以成就新的创造。实现这一目标，还需要跳跃性的直觉思维，需要全身心地沉浸于解决问题。我们需要热情、奉献与努力。迪埃斯特的独特结构，从他头脑中的构想起步，经过了相应的建造方式和计算过程的发展。为了让施工变得经济可行，他还设计了施工所需的机械和液压千斤顶。他借助这种工作方式，才创造出优秀的建筑。

迪埃斯特曾经谦逊地说，任何一座建筑都属于社会整体。很显然，他的成就绝非自己一人之力可以实现，在他一生的各个阶段，有许多不同的合作者。由于无法做到没有遗漏地列举，我索性一概略去。尽管如此，但迪埃斯特无疑是合作事业核心的发动机。

我们注意到，迪埃斯特的大量作品在经济性方面胜过通常的结构。毫不奇怪，屋顶独特的形式虽然产生于技术，但是却超越了技术的层面，升华为品质卓越的建筑。我父亲的叔叔拉斐尔·迪埃斯特是一位诗人。他曾写过一首诗《磨坊主的惊奇》，表达了同样的升华过程：

你建起一座磨坊

以为它只会

碾磨麦子

你让河水从中流过
以为它只会
推动磨盘

然而河水诉说着
没有人请它
说出的话语

带着诗意的思索
与河水应答的
是温顺的磨坊

建起一座磨坊
让河水从中流过
你就画出了一个记号

你痴痴地
盯着磨出的麦子
想知道它蕴含的深意

尽管有技术与经济性方面的优势，迪埃斯特创造的结构形式在未来延续，仍离不开进一步革新。为什么乌拉圭曾经在这一技术领域领先，并且把它输出到阿根廷、巴西等邻国，但是如今却落在后面？过去的25年里，乌拉圭的人工成本迅速增长，其涨幅数倍于水泥、钢材等基本建筑材料的涨幅。以钢筋混凝土为主要材料的建筑行业，从技术角度提出各种应对措施：设计服务于简化的施工、改善模板和水泥搅拌车等设施。与之相比，配筋砌体结构不再有成本方面的优势。

要让黏土砌体结构保持经济方面的可行性，需要在以下各个方面都有所发展：

可移动的模板——把早期笨重的木质模板和目前使用的金属模板做比较，可以看出我们所用的模板经历了重大的进步。但是，用来提升模板的千斤顶仍有待改进。当一个屋顶单元施工完成后，把模板移动到下一个施工位置的操控方式仍不够便捷。

材料——有必要与材料生产厂商合作，以适宜的价格获得形状、尺寸特殊的砖。我们正在研究一种被戏称为"意大利饺子(Ravioli)"的砖，它的形状类似方形的饺子，中心较鼓，周边较平。砌筑时，只需要抹一层砂浆，就可以确保足够厚度的砂浆包裹钢筋。我们也在考虑用其他材料和黏土砖组合。例如玻璃砖，可以为室内提供自然光照明而不必破坏完整的壳体屋顶形式。

迅速拆除模板——目前，在乌拉圭仍然找不到早强水泥。在混凝土中加入早强剂的做法也并不广泛，因为添加剂中的氯很可能影响钢筋的耐久度。实践证明，在适当的早期养护下利用蒸汽使水泥加速凝结，是一种有效的方法，需要的设备也不算过于昂贵。它可以满足任意天气条件下，每天完成一个屋顶单元的施工。在乌拉圭，还有一种不太可靠的电加热方式，成功地用于冬季施工。

提升施工用料——在施工现场提升砖和钢筋，需要一台中等尺寸的起重机。向屋顶作业面运送砂浆，需要一台输出功率较小的泵。

预制化——很显然，可移动的模板本身是充分预制化的产品。模板及其支撑构架具备一定模数，而建造它们所需的机械设备随处可得。壳体自身分块预制的可行性，仍有待研究。但是德国工程师马丁·斯派思的试验，已经在这一领域有所突破。

耐久性——至少在乌拉圭，如今仍有许多普通民众认为"混凝土是永久不坏的"。这是一个极其荒唐的现实。直到近些年，我们才意识到自己的错误。关于混凝土耐久度的研究显然早已面世，但是我们当中的绝大多数人并未认真地予以关注。

配筋砌体结构和钢筋混凝土结构，有类似的钢筋锈蚀问题。为了包裹配筋砖结构中的钢筋，砖之间的灰缝通常比较宽，因此更容易造成钢筋锈蚀。而一旦出现问题，修复的过程往往会破坏结构的完整美观。

尽管有相当数量的配筋砖结构历经数十年，保持着良好的耐候性(其中某些处于海滨气候或者室内长期结露的不利条件)，但是钢筋锈蚀的确不容忽视。在我了解的实例当中，只有一座建筑的结构腐蚀是黏土砖的化学成分所导致的。

砌体的几何形状和尺寸，是决定灰缝能否有效包裹钢筋的决定性因素。砖的其他物理特征，例如材料强度与孔隙率(两者密切地相互影响)，同样至关重要。因此，配筋砌体结构的未来发展，需要更为明确的材料性能标准和更为严格的监测。

另一方面，应当探索可以替代普通钢筋的"加筋"材料：

例如不锈钢、电镀或者环氧树脂涂层的钢材，虽然目前价格不菲，但是整体考虑之后的相对成本可能低于使用普通钢筋。利用它们充当砌体结构中的加筋材料，可以降低结构的用钢量(在筒壳或双曲拱壳屋顶，每平方米用钢量不大于3.6公斤)，从而显著地节省成本。

图215　基督圣工教堂，1958年。维托里奥正在砌波浪状的砖墙。我希望借此照片向所有参与迪埃斯特的建筑的工匠们表达谢意

碳纤维聚合物价格仍非常昂贵，但是其凭借优异的材料性能，未来或有用武之地。

阴极保护[①]——委内瑞拉城市马拉开波(Maracaibo)的大桥，在某些最关键的构架连接处成功地使用了阴极保护。这种减少腐蚀的方式是否适用于薄片状的结构，尚无定论，但这无疑是一个值得研究的课题。

抗拒火灾与人为破坏的连杆——建筑结构中暴露的连杆非常脆弱。蒙得维的亚的港口仓库重建之后曾再次失火，造成屋顶下面的一根连杆断裂，所幸跨度约50米的双曲拱壳屋顶没有显著的损伤。然而，更换这根连杆是非常危险的。未来的设计中应当考虑这一因素。

连接——依照现代的设计标准，某个结构单元的损坏不应引发连锁反应。迪埃斯特的自稳定壳体，显然属于这一类具有潜在危险的结构。解决的方法，是妥善处理单元之间的连接。相应产生的成本增加可以忽略不计。

以上这份清单，并不能涵盖配筋砌体结构未来发展将涉及的所有问题。我们面对的矛盾有多个层面，而令人欣慰的是，或许它将有多种不同的解决方法。

---

① 一种电化学技术，其原理是向金属表面施加电流，使被保护的构件成为电路阴极，从而抑制锈蚀。

文章作者简介

爱德华·艾伦(Edward Allen)

曾在麻省理工学院任教13年之久的建筑师，已经有50余件作品建成，先后出版了9部建筑方面的专著，其中多部在建筑技术领域具有重大价值。他对于砖结构的浓厚兴趣，引导他关注瓜斯塔维诺与迪埃斯特的作品。

斯坦福·安德森(Stanford Anderson)

自1963年起担任麻省理工学院建筑史教授，1991年任建筑系主任。著作包括2000年出版的《彼得·贝伦斯与20世纪的新建筑》、1997年出版的论文集《建筑师的教育：历史地理学、城市主义与知识的增长》。

卢西奥·卡塞雷斯(Lucio Caceres)

结构工程师，蒙得维的亚共和国大学工程学院高速公路系系主任。1995年起任乌拉圭交通与公共事务部部长。他既是迪埃斯特的学生与同行，也是长期的好友。

安东尼奥·迪埃斯特(Antonio Dieste)

结构工程师，迪埃斯特的儿子。毕业于蒙得维的亚共和国大学。他曾协助父亲的工作，目前是"卡斯特罗与迪埃斯特事务所"的合伙人之一。

冈萨罗·拉兰贝贝里(Ganzolo Larrambebere)

"迪埃斯特与蒙坦内兹事务所"的工程主持人，任教于蒙得维的亚共和国大学工程学院。曾在南美洲、欧洲、印度及美国举办配筋砖薄壳等结构讲座。

约翰·奥森多夫(John Ochsendorf)

麻省理工学院建筑系助理教授。先后在康奈尔大学、普林斯顿大学和剑桥大学学习结构工程。他目前的研究领域包括结构理论、结构发展史和砌体结构原理。

雷莫·派卓奇(Remo Pedreschi)

爱丁堡大学博士，现任教于爱丁堡大学艺术、文化与环境学院。他执笔的介绍迪埃斯特作品的专著于2000年出版。目前，他正致力于撰写一本关于法国建筑师让·普罗维(Jean Prouve)的专著。

译 后 记

"乌拉圭(Uruguay)"，在当地印第安土语中的意思是"彩色的鸟"。

这个面积相当于河南省、人口数只有三百多万的南美小国，既不像智利有丰富的矿产，也不及秘鲁、哥伦比亚有诺贝尔文学奖得主。如果你在中国的街头巷尾听到这个名字，多半是和足球联系在一起。至于它在建筑方面有何特殊之处，我只会想到中午的阳光是从北面照进窗子——当然，那是在我发现这本书之前。

很偶然地，我在网上看到哈佛大学建筑系一门建筑评论课开列的"20世纪后半叶重要的现代建筑"。名单中和阿尔托的珊奈赛罗市政中心(Town Hall of Säynätsalo)、布劳耶的惠特尼博物馆(Whitney Museum)等名作并列的，有一座位于乌拉圭的"基督圣工教堂(Church of Christ the Worker)"，设计者是"Eladio Dieste"。这是我第一次听说迪埃斯特的名字。我很好奇地按图索骥，从国家图书馆找到了这本书。

基于我粗浅的建筑史知识，我感到迪埃斯特是一位被理论界忽略的大师。而我的一点点实践经验告诉我，用砖建造跨度四十多米或者悬挑十多米的屋顶意味着什么。因此，我给原书的编者斯坦福·安德森教授写电子邮件，询问它是否已经有中译本。安德森教授的回复让我非常激动，但是他希望我先提交一段试译，由他的朋友同济大学的李翔宁教授审阅。经过一番努力，我很荣幸地获得了这本书的"翻译权"，并且使它获得了同济大学出版社的青睐。

我并不认为，中国的同行们能够从迪埃斯特的作品中直接学到设计手法(果真如此，这本书的销量无疑会倍增)。但是我非常自信，每一个仔细读完这本书的设计师都会重新思考一系列我们挂在嘴边的词："理性""形式""效率"等，还有"惊奇"。

21世纪的第一个十年里，无论是整个世界还是建筑领域，并不缺少惊奇。我们就像数百年前勇敢的西班牙水手们，在神奇的新大陆看到许多从未见过的植物。日后漫长的岁月和无数人的尝试，证明其中某些是番茄，另外一些却是古柯——可卡因的原料。

如何甄别每一件令人惊奇的事物是番茄还是古柯呢？或许，我们只能学习迪埃斯特，把最终的裁决权交给最基本的自然规律，交给土地，交给风、火和水。

限于我的英文能力和结构专业知识，译文难免有诸多错漏之处。西班牙语、德语专用名词的发音，更是有待指正。书中的地名一律采用谷歌地图的中文译名。考虑到乌拉圭和中国共同的使用习惯，英文原著中的英制单位基本上都改为公制。

在此，我要着重感谢同济大学出版社的陈立群老师。

我还要感谢我的父母、妻子和孩子悠悠。

最后，再次感谢安德森和李翔宁两位老师。

杨鹏

2012年7月

北京双桥

重新思考一切(再版后记)

一本关于"砖"的建筑结构专业书，有机会译成中文出版，并且售罄再版，实在是不可思议的机缘。距离我第一次偶然地翻开它的英文版，将近十年过去了。今天重新温习，仍然有一见钟情的激动。

然而这只是译者的个人感情，中国建筑师、结构设计师们的"日常"，和砖结构已经越来越远。为了保护耕地，黏土砖早已在中国的城市建设中禁绝。极少量的砖结构应用，只能是躲过审批或者获得特批的异类。倒是新型木结构，在发达国家大有星火燎原的姿态，在中国国内正在吸引越来越多的目光。

在计算机的帮助下，曼妙的结构曲面也根本谈不上什么创新、惊奇。与此同时，职业过度细化的趋势仍在加剧，在可预见的未来，社会恐怕不再需要，也不再敬仰像迪埃斯特那样，从数学模型、室内艺术效果到施工流程全面设计的奇才。

那么，当我们谈论这位砖结构的艺术大师，我们还能谈什么呢?

迪埃斯特的儿子安东尼奥，最有资格回答这个问题。知父莫如子，并且他继承父业，也是一位结构设计师。在这本书的结尾处，安东尼奥写道:"和所有其他的艺术表现一样，迪埃斯特的形式创造力带有极强的个人色彩，无法传递和效仿。这并不是说，人们应当忘记他的作品、文章和教导。恰恰相反，我们有可能继续利用他创造的技术，然而，只有让这些技术适应新的环境并且不断发展，这样的延续才能结出成果。仅仅重复他已经完成的事业，是远远不够的。正如他本人所说'需要重新思考一切'。"

"重新思考一切"，这实在是太高远的理想目标。几乎每天都要加班的建筑师、结构设计师，能让朝令夕改的甲方露出笑容，已经很不容易了。我想，迪埃斯特如果了解这些现实情况，肯定会把理想目标调整为"重新思考一些"。比如，在汹涌的信息浪潮中尽量站稳一些，不至于因为跟不上几星期前的潮流思路而有负罪感;冷静地面对建筑界各种闪着光环的评奖——无论它是汤姆奖还是杰瑞奖。退而求其次，最起码要冷静地面对微信、微博的阅读量"100000+"。凡此种种，其中有相当一部分是包装精良的粗糙产品，来自某些聪明人控制的流水线。他们的理想目标，是把世间万物都尽量简化，纳入自己的"舒适区"。

至于利用砖结构、利用曲面的力学优势，并不是迪埃斯特最关心的。无论利用混凝土、钢、木等任何材料，无论利用框架、桁架、悬索等任何结构方式，无论住宅、学校、厂房或体育馆，只要在坚固耐用的同时有妙不可言的诗意，都是"重新思考一切"的成果。只要你远离僵硬的教条，就是迪埃斯特的同路人。

值此再版的机会，我衷心感谢同济大学出版社的陈立群老师，也感谢我的夫人熊亚玲。

英文原著的编者斯坦福·安德森先生(Stanford Anderson)，已经于2016年1月去世。正是由于他的努力，迪埃斯特的影响力才从西班牙语世界扩展到英语世界，希望两位老先生在另一个世界里愉快地重逢。

杨 鹏

2018年3月 中国人民大学